Christine Paxmann, Josef Schöchl
Hannah Richter (Illustrationen)

Pepi Schöchls illustriertes Tierleben
Unglaubliches und Überraschendes

Gefördert durch:

Bundesministerium
Kunst, Kultur,
öffentlicher Dienst und Sport

STADT : SALZBURG

5020 Salzburg, Bergstraße 12
Bei Fragen zur Produktsicherheit wenden Sie sich bitte an: buch@pustet.at

Texte: Christine Paxmann
Redaktion: Michaela Schachner
Korrektorat: Markus Weiglein
Cover, Satz, Layout und Illustrationen: Hannah Richter
Produktion: Nadine Kaschnig-Löbel
Druck und Bindung: Florjančič tisk
Gedruckt in der EU

ISBN 978-3-7025-1161-6

Mehr über unsere Autor:innen und Bücher:
www.pustet.at

Wir bemühen uns bei jedem unserer Bücher um eine ressourcenschonende Produktion. Alle unsere Titel werden in Österreich und seinen Nachbarländern gedruckt. Um umweltschädliche Verpackungen zu vermeiden, werden unsere Bücher nicht mehr einzeln in Folie eingeschweißt. Es ist uns ein Anliegen, einen nachhaltigen Beitrag zum Klima- und Umweltschutz zu leisten.

PEPI SCHÖCHLS

ILLUSTRIERTES TIERLEBEN

UNGLAUBLICHES UND ÜBERRASCHENDES

VERLAG ANTON PUSTET

Ich bin Emil, der Appenzeller Sennenhund. Mir hat mein Herrchen Pepi das Buch „Der Rabe und der schlechte Leumund“ gewidmet, weil ich beim Schreiben stets so geduldig neben seinem Schreibtisch lag. Da mein Sohn Xaver auch immer sehr brav wartet, bis das Herrchen mit der Schreibarbeit fertig ist, widme ich ihm dieses Kinderbuch.

Und ich ganz vorne bin Lilli, die mit dem Klappohr, den drei Beinen und dem karamellfarbenen Fell. Mein Frauchen Christine gebe ich nicht mehr her, nachdem sie mich aus dem Tierheim geholt hat. Jetzt zeige ich ihr jeden Tag, welche erstaunlichen Eigenschaften in mir stecken. Ok, manchmal findet sie die nicht ganz so toll wie ich, aber wir sind ein gutes Team. Vor allem wenn Frauchen schreibt, sitze ich zur Inspiration auf ihren Füßen.

XAVER
EMIL
LILLI

INHALT

Apothekerskink 10
Basilisk 12
Bolaspinne 14
Eisenplattenkäfer 16
Eishai 18
Elefantenrüsselfisch 20
Erdmännchen 22
Etruskerspitzmaus 24
Fanghaften 26
Faultier 28
Flamingo 30
Fleckenmusang 32
Fregattvogel 34
Geier 36
Giraffe 38
Glasfrosch 40
Goldhamster 42

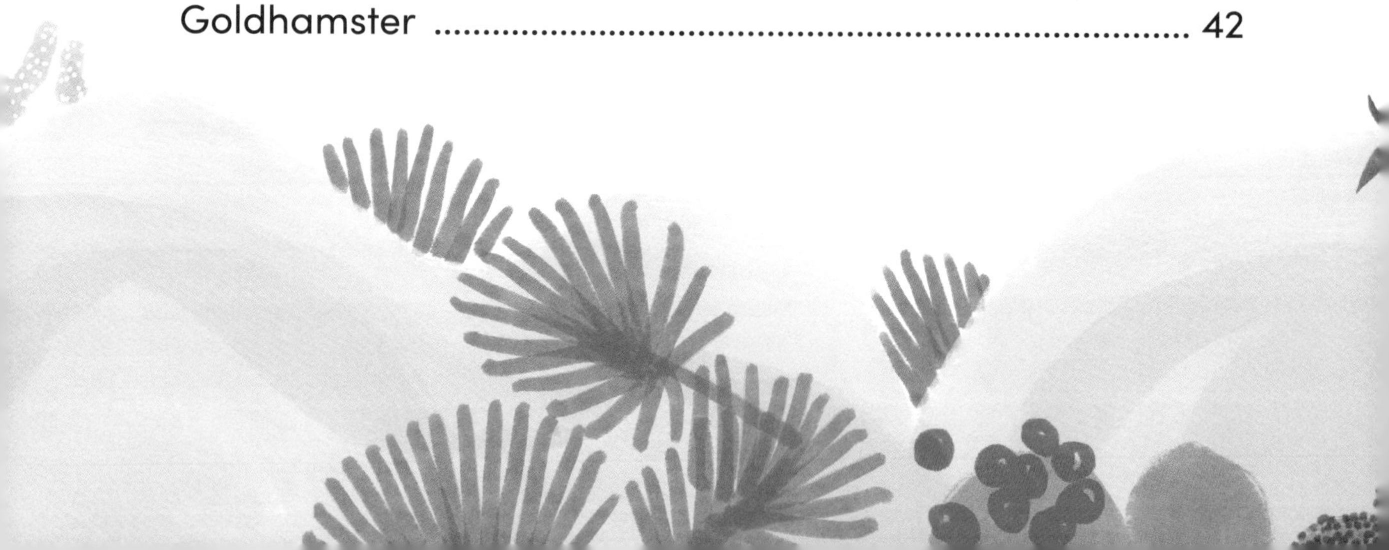

Gürteltier 44
Hoatzin 46
Honigdachs 48
Kamel 50
Karnevalstintenfisch 52
Kellerassel 54
Kiwi 56
Klippschliefer 58
Kolibri 60
Komodowaran 62
Krokodil 64
Kleiner Leberegel 66
Leierschwanz 68
Leuchtkäfer 70
Mähnenwolf 72
Mäusebussard 74
Moschustier 76
Nacktmull 78
Narwal 80
Opossum 82
Paradiesvogel 84

Pfeilschwanzkrebs 86
Pinguin 88
Portugiesische Galeere 90
Pottwal 92
Purpurschnecke 94
Qualle 96
Quastenflosser 98
Rabe 100
Rentier 102
Saiga 104
Schreipiha 106
Schwan 108
Seidenschwanz 110
Sekretär 112
Silberfischchen 114
Spatz 116
Specht 118
Star 120
Steinbock 122
Steinfisch 124
Steinkauz 126

Strauß 128
Stubenfliege 130
Sumpfwallaby 132
Termiten 134
Thermometerhuhn 136
Truthahn 138
Tukan 140
Uhu 142
Vielfraß 144
Wasserspinne 146
Weinbergschnecke 148
Wellensittich 150
Zaunkönig 152
Zitronenfalter 154

APOTHEKERSKINK

SAND IST MEIN LEBEN

Wo ich lebe: Mich gibt es überall, wo viel Sand ist, in den Wüsten arabischer Länder und in Nordafrika.
So sehe ich aus: Ich habe eine gelbliche Haut, die aus lauter winzig kleinen Schuppenplatten besteht.
Und so groß bin ich: Ich bin ungefähr 20 Zentimeter lang.

Wir sind Echsen und somit Nachfahren der Dinosaurier. Ein wenig sehen wir auch aus wie Fische. Aber warum heißen wir Apothekerskink? Ganz einfach, wir waren einmal als Aufputschmittel sehr beliebt. Meine Vorfahren wurden getrocknet und zu Pulver verrieben. Ganz schrecklich war das! Denn eigentlich können wir vieles gut, nur als Medizin sind wir völlig nutzlos.
Unsere schuppige Haut lässt keinen Krümel Sand durch und ist glitschig wie Fischschuppen. Dadurch verletzen wir uns auch nicht im rauen Sand, in dem wir ganz schön lange verschwinden können. Dort lässt sich die große Hitze in den Wüsten gut aushalten. Außerdem spüren wir im Sand kleinste Erschütterungen. Zum Beispiel, wenn Insekten auf dem Boden aufsetzen. Und Insekten sind unsere Leibspeise!
Zwischen den Zehen haben wir Fransen, die uns das Graben erleichtern. Weil wir uns im Sand bewegen können, als würden wir schwimmen, hat man uns auch „Sandfische" genannt. Das ist aber lange her. Heute haben die Menschen erkannt, dass unser Schuppenpanzer ein großartiges Vorbild ist für künstliche Oberflächen, die widerstandsfähig sein müssen. Dafür braucht kein Apothekerskink mehr sterben. Man sagt zu der Wissenschaft, Vorbilder in der Natur zu suchen, Bionik.
Ob wir im Sand nicht ersticken, fragst du dich jetzt? Nein, wir haben einen Trick: Wir niesen einfach so oft, bis das letzte Sandkorn aus uns draußen ist. Außerdem ist unser Atemsystem eine Mischung aus Ventilatoren und Filtern. So bleiben unsere Lungen staubfrei. Auf Beutefang gehen wir übrigens am liebsten nachts. Um diese Zeit sind wir auch vor unseren Fressfeinden geschützt.

BASILISK

DU KANNST AUCH WASSERTÄNZER ZU MIR SAGEN

Wo ich lebe: Ich bin eine Echse und lebe in Südamerika, überall dort, wo es Wasser gibt.
So sehe ich aus: Ich habe einen langen Schwanz. Manche von uns tragen einen Kopflappen und einen stachligen Drachenkamm am Rücken.
Und so groß bin ich: Ich kann bis zu 90 Zentimeter lang werden.

Unser Name stammt aus der griechischen Sagenwelt, daher ist er schon über 2500 Jahre alt. Angeblich sollen damals Basilisken eine Mischung aus Hahn und Schlange gewesen sein. Im Mittelalter, also vor rund 1000 Jahren, hat man erzählt, wir wären Drachen und hätten den tödlichen Blick. In den *Harry-Potter*-Geschichten werden Basilisken auch erwähnt und als ziemlich schreckliche Schlangen dargestellt.
Nun, wir haben zwar schuppige Haut und können uns flink bewegen, auch können wir sehr weit springen, weil wir unseren Schwanz als Steuer benutzen, aber wir können nicht fliegen und schon gar nicht mit unseren Augen jemanden töten. Wir ernähren uns von Insekten, Schnecken, Fröschen und Fischen, aber auch von Pflanzen und Früchten.
Bei Gefahr lassen wir uns sogar von unseren Lieblingsbäumen ins Wasser fallen. Allerdings nutzen wir dort dann unsere Superkraft: Wir können auf zwei Beinen übers Wasser laufen! Das liegt an unseren Fußsohlen, die mit kleinen Luftpölsterchen ausgestattet sind. Je schneller wir laufen, desto besser trägt uns die Oberflächenspannung des Wassers, die kennt ihr von den Wassertropfen. Natürlich können wir auch tauchen. Aber den Tanz auf dem Wasser macht uns kaum jemand nach. Und so haben wir den Spitznamen „Wassertänzer" bekommen.

BOLASPINNE

ICH BIN AKROBATIN, CHEMIKERIN UND INGENIEURIN!

Wo ich lebe: Ich bin in Australien, Afrika und Nordamerika beheimatet.
So sehe ich aus: Ich habe acht Beine, wie alle Spinnen, und bin ein Gliederfüßler.
Und so groß bin ich: Zwischen zwei und 15 Millimetern werde ich groß.

Fast alle unserer Artgenossinnen weben Netze in Form eines Rades, um Beute zu fangen. Wir machen es anders, viel raffinierter, denn unsere Spinnenfäden sind das stabilste Material der Welt, so haltbar wie Stahl und so biegsam wie Gummi.
Unsere Leibspeise sind Nachtfalter und um sie zu fangen, brauchen wir nur einen einzigen langen Faden. An dessen Ende befestigen wir einen Leimtropfen. Weil wir auf Nummer sicher gehen wollen, dass bei der Jagd alles schnell klappt, mischen wir dem Tropfen noch eine Art Parfüm bei. Die Insekten denken dann, wir wären ein weibliches Insekt, das bereit ist zur Paarung. Übrigens wechseln wir die Duftstoffe je nach Zeitpunkt unserer Jagd, passend zu den Insekten, die zu dem Augenblick aktiv sind.
Sobald wir einen Lufthauch vom Flügelschlag der Insekten spüren, lassen wir von einem unserer Vorderbeine unsere Leimschleuder pendeln. Dabei hängen wir mit unseren anderen Beinen an einem Querfaden fest. Ganz schön praktisch, wenn man acht Beine hat! Im richtigen Augenblick werfen wir unsere Leimschleuder auf die Beute, die dann an dem Leimtropfen kleben bleibt. Mit dem restlichen Beutefaden spinnen wir unsere Opfer ein und schleppen sie wie ein Päckchen in unsere Wohnhöhle.
Woher unser Name kommt? Die Cowboys in Südamerika werfen Seile mit einem Gewicht am Ende auf die Hinterbeine ihrer Rinder, um sie einzufangen. Das ist der „Bola-Lasso-Wurf".

EISENPLATTENKÄFER

ICH BIN TEUFLISCH GUT VERPACKT

Wo ich lebe: Mich gibt es nur in Nordamerika, in der Rinde von Eichen. Aber meine Käferkollegen sind auf der ganzen Welt zuhause. Wir sind die größte Tiergruppe der Welt.
So sehe ich aus: Wie alle Käfer habe ich sechs Beine. Meine Körperoberfläche ist schwarz, mit kleinen Erhebungen. Das wirkt ein wenig rußig und „teuflisch", es verstärkt aber meinen Panzer.
Und so groß bin ich: Ich bin zwischen 16 und 22 Millimetern groß.

Wusstest du, dass jedes vierte Tier auf der Erde ein Käfer ist? Wir Eisenplattenkäfer sind nicht so schillernd wie andere Käfer. Auf unseren pechschwarzen Deckflügeln sitzen nur wenige goldene Pünktchen, und unsere Körperform ist eher plump. Eigentlich sehen wir aus wie ein kleiner flacher Panzer. An uns ist alles ein wenig gröber und kräftiger, und das ist gut so.
Wir können nicht fliegen und sind noch dazu ziemlich langsam unterwegs. Eigentlich wären wir so das ideale Opfer für Fressfeinde. Aber unser teuflisch stabiler Rücken- und Brustpanzer schützt uns. Sogar Autos können uns überrollen, ohne dass wir zerquetscht werden. Das kommt von den unglaublich biegsamen, aber stabilen Verbindungen unserer äußeren Hülle. Sie ist aus Chitin, das ist das gleiche Material wie deine Fingernägel oder Haare.
Teile unserer Hülle funktionieren wie die Schuppen einer Ritterrüstung und schieben sich bei Druck übereinander, wie eine Art Stoßdämpfer. Andere sind wie Puzzleteile miteinander verbunden und bilden einen robusten Schutz für unsere Eingeweide. Außerdem produziere ich noch einen Stoff, der kleine Risse im Panzer schneller heilen lässt. Das 39 000-Fache unseres eigenen Körpergewichts können wir so gerüstet aushalten. Logisch, dass uns die Forschung als Vorbild nimmt, um schlag- und bruchsichere Materialien zu erfinden, die zum Beispiel beim Brücken- oder Tunnelbau eingesetzt werden.
Übrigens stellen wir uns bei Gefahr einfach tot und warten starr, bis aller Spuk vorüber ist. Wir sind schon wirklich erfinderische Teufel, oder?

EISHAI

ICH WERDE UNGLAUBLICH ALT

Wo ich lebe: Ich tauche in den eiskalten Gewässern des Nordatlantiks, von Kanada und Grönland bis Spitzbergen, und dort meist in 2000 Meter Tiefe.
So sehe ich aus: Meine Haut hat eine Farbe zwischen grün und schwarz, aber in so großer Tiefe sieht das keiner. Meine Flossen sind eher klein.
Und so groß bin ich: Ich werde vier bis acht Meter lang und erreiche ein Gewicht von zweieinhalb Tonnen – so schwer wie zwei Autos!

Wir sind bei allem ziemlich träge, denn wir bewegen uns sehr langsam. Wir wachsen langsam und wir essen langsam. Klar, wir haben ja alle Zeit der Welt, denn wir sind das Wirbeltier mit der höchsten Lebenserwartung. Über 400 Jahre können wir alt werden. Das ist für einen Menschen unvorstellbar! Das mit dem Kinderkriegen klappt erst, wenn wir 150 Jahre alt sind. Danach wachsen wir auch nur noch einen Zentimeter pro Jahr.
An unseren Augen setzen sich kleine Krebse fest, die unseren Augapfel angreifen. Dadurch sind wir fast blind, aber in unserem Lebensraum, den Tiefen des Eismeers, macht das nichts. Da ist es eh stockdunkel. Dafür funktioniert unser Geruchssinn ausgezeichnet, und wir finden spielend leicht Aas, das sind tote Tiere, die herabsinken. Plankton schmeckt uns aber auch.
Weil wir doch recht verborgen leben, werden wir dem Menschen nicht gefährlich. Allerdings gilt unser Fleisch bei den Inuit, den Bewohnern Grönlands, und bei den Isländern als Delikatesse. Obwohl unsere Haut giftig ist! Besser wäre es, man lässt uns einfach ganz ruhig unsere Bahnen ziehen. Schließlich sind wir so eine Art Geschichtsbuch: Als ich zum Beispiel geboren wurde, sah die Welt ganz anders aus. Es herrschte der 30-jährige Krieg und Schiffe fuhren mit Windkraft. Es gab keinen Strom und keine Smartphones. Das Meer allerdings war immer schon weit und sehr kalt. Vielleicht sind Kälte und Langsamkeit das Geheimnis für ein langes Leben?

ELEFANTEN-RÜSSELFISCH

ICH FISCHE, ÄH, RÜSSLE IM TRÜBEN

Wo ich lebe: Auf dem Grund von Seen und Fließgewässern in West- und Zentralafrika bin ich daheim.
So sehe ich aus: Meine dunkelbraune Haut zeigt eine helle Querbinde. Typisch ist mein rüsselartiger, fleischiger Fortsatz am Unterkiefer, mit dem ich ein ganz klein wenig aussehe wie ein Tapir oder Elefant.
Und so groß bin ich: Ich werde bis zu 30 Zentimeter lang.

Unsere Lieblingszeit ist die Nacht, da suchen wir unser Futter und es stehen kleine Insektenlarven und wirbellose Tierchen auf der Speisekarte. Aber da, wo wir leben, ist Licht auch unwichtig. Wir wühlen am Grund schlammiger Gewässer herum, anders gesagt: Wir fischen im Trüben. Hätten wir normale Fischaugen, würden wir gar nichts sehen. Aber unsere Augen sind eine Art Spiegelkabinett. Sie bestehen aus lauter sechseckigen kleinen Bechern, die innen mit Kristallen ausgekleidet sind. Einfallendes Licht wird dort gebündelt und verstärkt, und das ermöglicht uns, Hell-Dunkel-Kontraste zu erkennen, zum Beispiel, wenn sich uns ein Fressfeind nähert. Zack, sind wir im Schlamm verschwunden!
Aber wie finden wir in der trüben Brühe unser Futter, fragst du dich? Da haben wir eine raffinierte Ausstattung. In unserer Schwanzspitze befindet sich eine Art Kraftwerk, das Strom aussendet und um uns herum ein elektrisch aufgeladenes Feld aufbaut. In unserer Haut, am Bauch, an den Flossen und in unserem Rücken sitzen Sensoren, die uns Bescheid geben, wo unser elektrisches Feld gestört ist, durch mögliches Futter etwa. Wir bekommen also eine räumliche Vorstellung unserer Umwelt. Ganz ähnlich funktioniert das Echoortungssystem von Fledermäusen, die mit Ultraschall ihre Umwelt scannen und sich so orientieren, jagen und miteinander kommunizieren. Genau das machen wir Elefantenrüsselfische auch. Wir ratschen ziemlich ausgiebig miteinander. Allerdings reicht unser Elektrotelefon nur für kurze Distanz, maximal zehn Zentimeter. Aber wir kommen damit gut klar.

ERDMÄNNCHEN

ICH BIN SEHR GERN MIT MEINER FAMILIE ZUSAMMEN

Wo ich lebe: Im Süden Afrikas, wo es besonders trocken ist, in Savannen und Halbwüsten, und wo es wenig Bäume gibt. Da lege ich einen unterirdischen Bau an.
So sehe ich aus: Ich habe hellgraues Fell mit braunen Querstreifen, und typisch für mich ist das aufrechte Sitzen, immer die Pfötchen brav vor der Brust.
Und so groß bin ich: Ich kann vom Kopf bis zum Schwanz bis zu 29 Zentimeter groß werden.

Wir Erdmännchen leben in Kolonien mit bis zu 40 Tieren, denn in der Gruppe ist man stärker. Man kann so auch besser Aufgaben verteilen: Manche von uns sind Räuber und jagen Insekten, Eidechsen und Spinnen in der Nähe des Baus, andere sind Wächter. Bei Gefahr bellen wir, und weil Wache zu halten anstrengend ist, wechseln wir uns ab.
Das stärkste Männchen in der Gruppe ist eine Art Papa von uns allen. Und dann gibt's auch noch Lehrer und Lehrerinnen. Ohne Witz! Wir kriegen von unseren erfahrenen Gruppenmitgliedern einiges Nützliches beigebracht. Zum Beispiel wie man einen Skorpion jagt und verspeist, ohne gestochen zu werden. Erst üben wir mit toten Skorpionen, dann mit welchen, denen der Stachel gezogen wurde und schließlich am lebenden gefährlichen Objekt. Das ist schon ziemlich einzigartig, denn die meisten Tiere schauen sich von den älteren nur etwas ab. Sie beobachten und machen es einfach nach. Wir aber bekommen richtige Trainingseinheiten verpasst - in verschiedenen Schwierigkeitsgraden. 90 Tage dauert unsere Schulpflicht.
Ach, das hättest du auch gerne? Glaub mir, unser Leben ist ganz schön gefährlich und voller Arbeit. Von oben, unten und von der Seite müssen wir unsere Feinde ständig im Blick haben. Unser ausgedehntes Höhlensystem muss immer weiter gegraben, Futter muss gesucht werden. Um uns davon zu erholen, chillen wir gern gemeinsam in der Sonne. Wir lieben es, in Kontakt zu sein. Wahrscheinlich haben uns auch deshalb die Menschen so gern!

ETRUSKER-SPITZMAUS

ICH WUSLE STÄNDIG HERUM, UM ZU ÜBERLEBEN

Wo ich lebe: Mich triffst du rund ums Mittelmeer und in Zentral- und Südasien.
So sehe ich aus: Mein kurzhaariges Fell ist graubraun. Ich habe relativ große Ohren.
Und so groß bin ich: Ich bringe es auf 48 Millimeter Länge, inklusive meines spitzen Schnäuzchens. Fast noch einmal so lang ist mein Schwänzchen.

Wir sind wirklich winzig und mit zweieinhalb Gramm ein echtes Leichtgewicht. Zusammen mit einer asiatischen Fledermausart gelten wir als kleinstes Säugetier der Welt. Mal so im Vergleich: Das größte Säugetier ist der Blauwal mit 200 Tonnen Gewicht.
Unsere Winzigkeit beschert uns auch weitere Rekorde: Unser Herz schlägt unglaublich schnell, 1500-mal pro Minute! Wir brauchen das, damit unsere Körpertemperatur stabil bleibt. Und weil das uranstrengend ist, müssen wir eigentlich ununterbrochen essen. Wir verdrücken täglich das Zweifache unseres Körpergewichts und können deswegen nur ganz kurz schlafen. Stressig, oder? Wir sind ständig auf Achse und auf der Suche nach Heuschrecken, Ameisen, Schaben und Spinnen, die wir mit Hilfe unserer langen Tasthaare und unseres superspitzen Schnäuzchens im Erdreich oder unter Blättern aufspüren. Und dann sind wir echte Raubtiere. Mit einem gezielten Biss in den Rücken töten wir unsere Futtertiere. Wir haben einfach keine Zeit und keine Energie für langes Jagen.
Wenn du es in Olivenhainen, in Feldern und lichten Wäldern rascheln hörst, könnten wir schlanken Etruskerspitzmäuse gerade unterwegs sein, denn zum Ansetzen von Fett haben wir wirklich keine Zeit.

FANGHAFTEN

MICH KANNST DU SICHER NICHT VERWECHSELN

Wo ich lebe: Mir gefällt's in Südeuropa und vor allem rund um das Mittelmeer.
So sehe ich aus: Kenner meiner Art sagen, dass ich der Gottesanbeterin, sie ist auch eine Fangschrecke, ähnlich sehe. Wir haben beide unser erstes Beinpaar, das gleich hinterm Kopf sitzt, zu Fangarmen mit Fangzangen ausgebildet. Mit unserer gelb-braunen Zeichnung und dem dreieckigen Kopf sehen wir echt gefährlich aus.
Und so groß bin ich: Ich habe zauberhaft geäderte Flügel, bis zu 14 Millimeter lang können sie werden – und damit größer als ich selbst.

„Vawexl mi ned" ist nicht Chinesisch, sondern Österreichisch, und heißt: „Verwechsle mich nicht". Denn mein offizieller wissenschaftlicher Name ist *Mantispa aphavexelte*. Wenn du das laut aussprichst, merkst du, dass es sich anhört wie „a vawexelte", also „eine verwechselte".
Ja, man hat uns Fanghafte schon immer gerne mit den Gottesanbeterinnen verwechselt. Erst als es dem österreichischen Wissenschaftlerpaar Aspöck gelang, den Irrtum aufzuklären, war unser Name in der Welt. In der Zoologie dürfen Entdecker ihre Tiere benennen, natürlich auf Lateinisch. Erst kommt der Gattungsname, bei uns *Mantispa*, dann der Zusatz, meistens ist das der Name der Entdecker. Meine hatten Humor: Statt uns *Mantispa aspöckis* zu taufen, haben sie uns mit *aphavexelte* unverwechselbar gemacht.
Und das sind wir auch. Wir gehören zu den Fluginsekten, den sogenannten Haften. Mit unseren einklappbaren Fangbeinen und Fangzangen und unseren ziemlich kräftigen Mundwerkzeugen, den Mandiblen, sind wir für andere Insekten echte Monster. Wir zerkleinern in Nullkommanichts alles, was uns ins Kiefer kommt. Dazu blicken wir aus riesigen heraustretenden Facettenaugen ziemlich „spooky". Stell dir vor, wir wären so groß wie du. Echt gruselig, oder? *Mantispa grauslig* wäre auch ein cooler Name für uns!

FAULTIER

ICH BIN EXTREEEEEM LANGSAM

Wo ich lebe: Ich hänge in den subtropischen Regenwäldern von Mittel- und Südamerika ab, im wahrsten Sinne des Wortes.
So sehe ich aus: Ziemlich auffällig unauffällig ist mein grünlich schimmernder Pelz. Im dichten Kronendach des Regenwalds kann man mich so kaum vom Laub unterscheiden, wenn ich mit meinen bis zu zehn Zentimeter langen Krallen am Baum hänge.
Und so groß bin ich: Ich kann etwa 80 Zentimeter groß werden, bei einem Gewicht von bis zu zehn Kilogramm. Das längste an mir sind Arme und Beine und mein zehn Zentimeter langer Schwanz.

Also, als faul würden wir uns nicht bezeichnen, eher als bewegungsarm. Unser Lebensraum sind die Baumkronen im Regenwald, einfach, weil es dort für uns Faultiere ziemlich sicher ist. Wir sind Pflanzenfresser und wären das ideale Frühstück für Raubtiere, aber so hoch kommt keines hinauf. Nur das Nahrungsangebot ist in dieser luftigen Höhe begrenzt. Ausschließlich Blätter gibt es da, aber die liefern nicht viel Kraft.
Wir haben uns deshalb einen superlangsamen Stoffwechsel zugelegt und unsere Körpertemperatur auf 33 Grad heruntergefahren. Zur Not geht es noch niedriger. Damit wir erst gar nicht so viel Energie verbrauchen, bewegen wir uns sehr wenig und sehr langsam. Auf den Waldboden klettern wir nur einmal in der Woche, wegen der Verdauung. Dieser Toilettengang ist wirklich gefährlich, denn vor Feinden können wir nicht schnell genug fliehen, aber er bietet uns auch eine wunderbare andere Möglichkeit.
In unserem Kot setzen nämlich bestimmte Motten ihre Eier ab. Diese Motten bringen wir selber mit, die leben in unserem Fell. Dort scheiden sie Kot aus, der einer bestimmten Algenart als Nahrung dient. Die Algen wiederum färben nicht nur unser Fell grünlich, was eine fantastische Tarnung im Blätterdach ist, sondern sie sind ziemlich energiereich und unser Nahrungsergänzungsmittel. Du merkst, meine Mitbewohner, die Motten und Algen, sind ausgesprochen nützlich für uns. Wir hoffen, das sind wir auch für sie.

FLAMINGO

ICH SCHLAFE AUF EINEM BEIN

Wo ich lebe: Ich komme von Nord- bis Südamerika vor, aber auch in Europa und Afrika, und brauche sumpfige, wasserreiche Gebiete wie Seen und Flussdeltas.
So sehe ich aus: Leuchtend rosa ruhe ich meist auf einem meiner zwei ultradünnen Beine. Mein Schnabel ist schwarz, rosa und weiß gemustert und ein echter Wunderapparat.
Und so groß bin ich: Ich erreiche eine Höhe von 110 Zentimetern.

Rosa ist unsere Leibspeise. Nein, im Ernst, wir lieben eine bestimmte Algenart, die so viel Carotinoid, das ist ein Farbstoff, enthält, dass sich unser Gefieder rosa verfärbt. Wenn wir in der Paarungszeit sind, ist das wichtig, denn die Flamingo-Damen stehen auf das das leuchtend rosa Federkleid der Männchen. Unsere im Zoo lebenden Artgenossen bekommen dieses Carotinoid zugefüttert. Gut, dass das ein Farbstoff ist, der auch in Karotten enthalten ist. Je mehr Karotten-Algen in einem Gewässer sind, desto knallpinker werden wir daher.
Aber wie nehmen wir überhaupt diese winzigen Algen auf? Das verdanken wir unserem raffinierten Schnabel- und Zungenapparat. An den Rändern unserer Schnäbel sind Lamellen, also ein feines Netzsystem, durch das wir das Wasser mit dem Plankton sieben, in dem auch die Algen enthalten sind. Unsere Zunge fährt dabei immer hin und zurück und pumpt Wasser rein und raus, zigmal pro Sekunde.
Und noch etwas ist auffällig an uns: Wie ruhen auf einem Bein. Das ist für uns einfach kräfteschonend, denn wir haben einen so ausgefeilten Gleichgewichtssinn, dass wir quasi ohne Energieaufwand schlafen können. Wir schieben unsere Körpermitte einfach über eines der Beine, fertig ist der Schwebestand. Wahrscheinlich kommt die Redewendung „in seiner Mitte ruhen" von uns.

FLECKENMUSANG

WEGEN MIR BEKOMMT KAFFEE EIN GANZ BESONDERES AROMA

Wo ich lebe: Ich bin in den tropischen Regenwäldern im ganzen südostasiatischen Raum beheimatet.
So sehe ich aus: Mein Gesicht sieht aus wie bei einem Waschbären und ist eine schwarz-weiße Maske. Mein Fell ist graubraun mit – genau! – Flecken.
Und so groß bin ich: Mit 50 Zentimetern und 4,5 Kilogramm bin ich in etwa so groß und schwer wie eine Hauskatze.

Wir sind eine der 35 Schleichkatzenarten und uns Fleckenmusangs schmeckt eigentlich alles. Deshalb verlassen wir nachts schon auch mal unsere Baumkronen, in denen wir tagsüber ruhen, um in Menschennähe nach Fressbarem zu suchen oder dort in Dachböden herumzuschleichen, wie du es vielleicht von Mardern und Siebenschläfern schon einmal gehört hast. Auf Kaffeeplantagen finden wir unsere Lieblingsspeise, die Kaffeebeeren. Deren Fruchtfleisch verdauen wir, die Samen, die Kaffeebohnen, scheiden wir aber mit unserem Kot wieder aus. Und jetzt kommt es: Diese Kaffeebohnen haben wir mit unsrer Magensäure so vorverdaut, dass sie einen ganz besonders feinen Geschmack haben! Also, für Kaffeeliebhaber. Und erst nachdem sie gereinigt und geröstet wurden.
Weil wir feste Kotplätze haben, ist es für Kaffeesammler einfach, an die Bohnen zu kommen. Leider begnügen sich die Menschen nicht mit den gefundenen Mengen, sondern sperren uns ein. Unter schlimmen Bedingungen müssen wir nun Kaffee kacken. Kopi Luwak heißt der teuerste Kaffee der Welt, der einmal entstand, weil unsere einheimischen Bauern nicht den Arabica-Kaffee der Kolonialherrscher trinken durften und man über diesen „Umweg“ doch noch an die Bohnen kam. Dieser Kopi Luwak ist Fluch und Segen zugleich.

FREGATTVOGEL

SCHWERELOS DIE GANZE ZEIT

Wo ich lebe: Ich lebe über dem offenen Wasser der tropischen Ozeane und an deren Inseln, auf dem Festland bin ich nie.
So sehe ich aus: Schwarz mit weißen Brustfedern, das ist mein Gefieder und am auffälligsten ist mein scharlachroter Kehlsack.
Und so groß bin ich: Ich bin federleicht, aber ganz schön groß, denn meine Flügelspannweite beträgt bis zu zwei Meter.

Unser Skelett macht uns zu den Ultraleichtfliegern der Lüfte. Unsere Knochen sind mit Luft gefüllt, und so machen sie nur fünf Prozent unseres Körpergewichts aus. Das ist ein unerreichter Rekord unter den Vögeln! Diese Luftbefüllung pflegen wir auch bei anderer Gelegenheit: Bei der Balz entfalten die Männchen unter uns einen knallroten Kehlsack, der den Fregattvogeldamen sehr gut gefällt. Aber wirklich sensationell ist unsere Flugleistung: Wir können wirklich Monate lang in der Luft bleiben. Klar, schlafen wir dabei auch, denn eine von unseren Gehirnhälften bleibt immer wach und ein Auge immer offen. Nicht, dass wir im Schlaf an andere Fregattvögel anrempeln. So richtig tiefgeschlafen wird erst wieder, wenn wir brüten.
Den Namen Fregattvogel hat uns allerdings unsere Methode, anderen Vögeln das Futter abzuluchsen, gebracht. Mit unserem spitzen Schnabel nerven wir unsere Kollegen in der Luft so lange, bis sie die Beute fallen lassen und wir mit ihr davonsegeln. Genauso wie es früher die Piraten der Meere bei ihren Beutezügen gemacht haben. Weil die immer mit besonders wendigen Schiffen unterwegs waren, den Fregatten, erinnert unsere Bezeichnung daran.

GEIER

ICH BIN DER BESTE TATORTREINIGER

Wo ich lebe: Ich bin auf allen Kontinenten zuhause.
So sehe ich aus: Typisch für mich ist mein kahler Schädel, der nur von ein paar Flaumfedern bedeckt ist.
Und so groß bin ich: Ich gehöre zu den großen bis sehr großen Greifvögeln. Mein größter Verwandter ist der Andenkondor mit fast 15 Kilogramm Gewicht und einer Spannweite von drei Metern.

Wir fressen Aas, vermodertes Fleisch, Abfälle samt Knochen, wirklich eklig stinkiges Zeug, das wir überall finden, in der Natur, aber auch auf Müllhalden und neben Schlachthäusern. Damit sind wir eigentlich sowas wie die fliegende Müllabfuhr. Wir räumen ratzfatz weg, was auch für den Menschen richtig gefährlich werden kann. Denn Kadaver, also verrottende Tierleichen, enthalten jede Menge giftige Stoffe, die bei der Verwesung entstehen. Uns macht das aber gar nichts aus. Wir haben einen Verdauungstrakt, der viel Salzsäure enthält. Allerdings sind auf den Säurecocktail auch andere Wesen scharf, die sich bei uns einnisten. Das sind bestimmte, hoch gefährliche Bakterien, tödliche Krankheitserreger, die davon leben, Aas zu verdauen. Jedes andere Lebewesen, vor allem der Mensch, würde an ihnen sofort sterben. Wir aber haben ein ziemlich gutes Teamwork mit den Bakterien entwickelt. Die fressen gerne unser Fleisch und geben uns dafür verdauungsfördernde Säfte ab. Jeder nützt jedem.
Und für die Menschen sind wir die beste Gesundheitspolizei, denn wir verhindern durch unsere Reinigungsaktionen schwere Krankheiten, die durch Kadaver ins Grundwasser gelangen könnten. Man könnte uns also schon ein bisschen loben. Stattdessen aber sind wir seit der Antike ziemlich verschrien. Liegt vielleicht daran, dass wir keinen Stockerlplatz für Schönheit bekommen. Oder an unserem ständigen Umgang mit stinkenden Leichen, unseren oft blutverschmierten Schädeln und unserem Spitznamen: Aasgeier.

GIRAFFE

ICH HABE EINE SENSATIONELLE PUMPE IM KÖRPER

Wo ich lebe: Ich lebe nur in Afrika.
So sehe ich aus: Ich trage dunkle Flecken auf meinem hellen Fell, und mit meinem langen Hals bin ich sofort zu erkennen.
Und so groß bin ich: Ich bin das höchste Landsäugetier, wiege bis zu 1000 Kilogramm und kann bis zu sechs Meter hoch werden.

Mit unserem langen Hals kommen wir an die Blätter der Akazien, unseren Lieblingsbäumen, und an die höchsten und saftigsten Baumkronen. Wahrscheinlich bin ich deshalb von Natur aus so groß geworden.
Unsere Zunge ist die kräftigste aller Säugetiere. Sie wird bis zu 45 Zentimeter lang und wir können uns mit ihr sogar die Augen putzen. Durch ein paar Extrapigmente, das sind Farbstoffe in der Haut, ist unsere Zungenspitze dunkelblau, das verhindert Sonnenbrand. Aber ein echtes Superkraftwerk ist unser Blutkreislauf und unsere Pumpe, also das Herz. Durch unsere ungeheure Höhe hat das Herz richtig zu tun, um Blut in den Kopf hinauf zu pumpen. Deswegen haben wir rund ums Herz einen ziemlich hohen Blutdruck. Der Blutdruck im Kopf ist aber ganz normal. Auch in unseren Beinen herrscht ungeheurer Druck, klar, wenn das Blut aus hoher Höhe nach unten rauscht. Deshalb sitzt das Fell an meinen Beinen so eng wie ein Stützstrumpf und verhindert, dass uns die Beine platzen.
Ach ja, und wenn du dich fragst, wie wir unseren Hals ständig aufrecht halten können? Das macht eine armdicke Sehne, die vom Kopf bis zu den vorderen Brustwirbeln reicht. So eine Art Zugseil, das immer auf Spannung ist. Zum Kopfbeugen brauche ich dann richtig Muskelkraft. Und auch einen Extraschutz im Kopf, damit uns wegen des Blutdrucks nicht schwarz vor Augen wird. Ganz schön raffinierte Schutzmechanismen!
Und übrigens, unsere dunklen Fellflecken sind eine Art Klimaanlage, denn sie sind stärker durchblutet und kühlen uns. Unser Fell enthält auch bestimmte Aromastoffe, die Pilze und Zeckenbefall verhindern. Leider riechen wir dadurch etwas streng.

GLASFROSCH

DU SIEHST ALLES VON MIR

Wo ich lebe: Ich lebe in den Regenwäldern Südamerikas, dem artenreichsten Gebiet der Erde.
So sehe ich aus: An der Oberseite bin ich ein ganz normaler grüner Frosch, aber an meiner Unterseite habe ich ein Geheimnis.
Und so groß bin ich: Ich bin nur zwei Zentimeter groß und wiege wenige Gramm.

Mit unserer laubgrünen Oberseite erkennt uns kein Fressfeind in den Blättern des Regenwaldes, wo wir unsere Lieblingsmahlzeiten, kleine Insekten, verputzen. Und auch Feinde, die sich von unten nähern, entdecken uns nicht, denn unsere Unterseite ist durchsichtig. Du kannst uns also bis ins Herz schauen, siehst es pumpen und unsere Gedärme arbeiten. Dadurch entsteht ein unruhiges Bild, das genauso aussieht wie ein gemustertes Blätterwerk und uns bestens tarnt. Wir Glasfrösche haben eine besonders trickreiche Eiablage. Die Eier legen wir direkt auf Blättern ab, die sich über Gewässern befinden. Wir können nämlich durch Haftscheiben an unseren Füßen spitzenmäßig gut klettern. Die Froschväter bewachen das Gelege, denn sie haben kräftige Hinterbeine. Die brauchen sie, um Wespen in die Flucht zu schlagen, die gerne unsere Eier fressen. Schlüpfen die Larven aus den Eiern, fallen sie sofort in das Wasser und reifen dort am Grund weiter, bis auch sie schöne durchsichtige Frösche werden.

GOLDHAMSTER

ICH VERMEHRE MICH RASEND SCHNELL

Wo ich lebe: Mein natürlicher Lebensraum ist winzig, an der Grenze zwischen Türkei und Syrien, wo es mir im fruchtbaren Ackerland gut gefällt.
So sehe ich aus: Aus Gold ist mein kuscheliges Fell zwar nicht, aber es schimmert goldbraun, so bin ich in Getreidefeldern gut getarnt.
Und so groß bin ich: Ich bin nur 16 Zentimeter groß und wiege maximal 150 Gramm.

Es kann sehr gut sein, dass du eines unserer Exemplare schon kennst, obwohl wir eigentlich keine Haustiere sind und viel lieber im Freien leben, wo wir Platz haben und uns bewegen können.
Wir sind echte Nachteulen, das heißt, wir suchen nachts nach Futter, graben an unserem Bau weiter und kümmern uns um unseren zahlreichen Nachwuchs. Wir Hamsterweibchen können nämlich bis zu zehnmal im Jahr Kinder bekommen – bis zu neun Stück bei einem Wurf! Das liegt daran, dass wir sehr früh geschlechtsreif werden, schon im Alter von eineinhalb Monaten, und dass wir eine wirklich kurze Tragzeit haben, nur 16 Tage. Aber unser Leben ist auch kurz, wir werden nur etwa zwei Jahre alt, und davon verschlafen wir die Zeit zwischen November und Februar in unseren unterirdischen Höhlenanlagen. Die können eine Gesamtlänge von neun Metern haben und liegen bis zu einem Meter unter der Erde.
In dieser Tiefe ist wenig Sauerstoff, kalt ist es auch. Aber wir können auf Grund eines Proteins unsere Körpertemperatur auf vier Grad absenken, wenn wir winterschlafen. Umso aktiver sind wir im Sommer, denn da müssen wir riesige Vorräte an Körnern und Samen anhäufen, von denen wir uns während kurzer Wachphasen im Winter ernähren. Sehr praktisch, dass wir ein Drittel unseres Körpergewichts in unseren dehnbaren Backentaschen transportieren können! Dass wir heute in der ganzen Welt bekannt und beliebt sind, vor allem als Haus- und Labortiere, geht auf einen Wissenschaftler zurück, der 1930 in Jerusalem mit vier Exemplaren von unserer Art eine Zucht eröffnet hat. Viele, viele Millionen Goldhamster stammen seither von ihnen ab.

GÜRTELTIER

MICH GIBT ES IMMER VIERMAL

Wo ich lebe: Größtenteils lebe ich in Südamerika, ein paar von uns kommen aber auch in Nordamerika vor.
So sehe ich aus: Obwohl ich ein Säugetier bin, habe ich kein Fell, sondern Knochenplatten.
Und so groß bin ich: Ich kann je nach Art zwischen elf und 100 Zentimetern groß werden und zwischen 100 Gramm und 45 Kilo wiegen.

Wir gehören zu den urzeitlichen Säugetieren. Findest du auch, dass wir wie Dinosaurier aussehen? Unser ganzer Körper, vor allem Rücken und Schwanz, ist von Knochenringen umgeben, die uns schuppenartig wie einen Panzer umschließen. Unter vielen kleinen Knochenplättchen befindet sich ein ausgefuchstes System an Gürteln und Bändern, die unsere Rüstung beweglich machen.
Das ist aber nicht unsere einzige körperliche Besonderheit. Wir suchen unsere Nahrung gerne tief im Erdreich. Um keinen Staub einzuatmen, können wir bis zu sechs Minuten lang die Luft anhalten. Das nützen wir auch beim Durchqueren von Flüssen, wo wir einfach am Grund entlangspazieren und am anderen Ufer erst wieder Luft holen. Wer jetzt denkt, dass so ein Panzer im Wasser doch mega-unpraktisch ist, muss wissen, dass wir Darm und Magen so mit Luft anfüllen können, dass auch Schwimmen kein Problem ist – das ist dann so eine Art innerer Schwimmreifen, der uns oben hält.
Es kann sein, dass es uns deshalb schon so lange gibt, weil wir immer vier eineiige Kinder bekommen. Die sind völlig identisch und garantieren eine stabile Anzahl unserer Tierart. Wenn die Zeiten einmal hart sind, können wir Gürteltiere die Geburt unserer Vierlinge um Monate hinauszögern. Das ist echt praktisch!

HOATZIN

KEIN VOGEL STINKT SO SEHR WIE ICH

Wo ich lebe: Ich lebe im nördlichen Südamerika, im Uferbereich von Seen und Flüssen. In Guyana bin ich im Staatswappen verewigt.
So sehe ich aus: Auffällig sind mein Schopf und ein bronzenes Federkleid.
Und so groß bin ich: Ich bin ein ausgesprochen großer Vogel und kann bis zu 70 Zentimeter groß und 900 Gramm schwer werden.

Unsere Flügel sind unsere Schwachstelle und unsere Stärke. Wir Hoatzins ziehen unsere Jungen immer in Bauten direkt über dem Wasser groß. Während wir auf Nahrungssuche sind, bleiben die Jungen alleine. Bei Gefahr lassen sie sich ins Wasser plumpsen, dort warten sie, bis die Gefahr vorüber ist, schwimmen ans Ufer und klettern an einem Baum wieder hoch. Das gelingt, weil junge Hoatzins an den Enden der Flügel Krallen haben, mit deren Hilfe sie sich hochhangeln. Nach ein paar Wochen bilden sich die Krallen zurück und die Flügel werden ausgebildet. Aber lange Flüge klappen damit leider nicht.
Wir dösen den ganzen Tag in den Kronen der Bäume und verdauen. Unsere Hauptnahrung sind recht karge Blätter, die erst einmal in unserem Vormagen aufbereitet werden müssen wie bei einem Wiederkäuer, zum Beispiel der Kuh. Dieser Vormagen ist im Verhältnis zu unserem Körper riesig und liegt im Kehl- und Brustbereich. Weil dieser ganze vorverdaute Blätterbrei ein wenig streng riecht, so ähnlich wie Silofutter, hat uns das den Spitznamen Stinkvogel eingebracht. Aber wir gechillten Pflanzenfresser sind eh am liebsten in großen Gruppen unter uns.

HONIGDACHS

ICH RAUFE FÜR MEIN LEBEN GERN

Wo ich lebe: Mich gibt es in Teilen Afrikas, auf der arabischen Halbinsel und in Indien.
So sehe ich aus: Eigentlich bin ich ein Leichtgewicht mit nur 15 Kilogramm, aber unglaublich kräftig gebaut, mit langen Krallen an den Vorderfüßen.
Und so groß bin ich: Mit maximal 80 Zentimetern Körperlänge und einem 30 Zentimeter langen Schwanz kann ich mich ganz schön groß machen.

Um es ganz ehrlich zu sagen: Wir haben vor nichts und niemandem Angst. Das liegt an ein paar körperlichen Eigenschaften, die uns Honigdachse zu furchtlosen Kämpfern machen. An unseren Vorderfüßen haben wir messerscharfe Krallen, vor denen haben sogar Löwen und Leoparden Respekt. Und dann ist unser ganzer Körper von einer dicken Fettschicht umgeben. Sie liegt lose auf dem Muskelgewebe und ist wie ein Gummimantel. Wenn sich ein Raubtier darin verbeißen möchte, gleitet es ab. Eine noch viel wirksamere Waffe ist unser Gestank, eine Flüssigkeit aus unserer Analdrüse, die wir schon von weitem verspritzen können, um uns unsere Fressfeinde vom Leib zu halten.
Wir selbst haben eigentlich Appetit auf alles, was kleiner ist als wir: Neben Beeren und Früchten mögen wir auch Insekten, Eidechsen, Kleinsäuger und, jetzt kommt's, Giftschlangen. Deren Gift macht uns gar nichts aus. Angeblich sind unsere Nervenenden immun dagegen. Eine ganz große Schwäche von uns sind Honig und auch Honigbienen. Die lieben wir so sehr, dass sie uns unseren Namen gegeben haben.
Aber so lieb der auch klingt, lieb sind wir nicht. Wir stellen uns mit weit aufgerissenem Maul vor unsere Kinder, um sie zu verteidigen. Mit unserem Gummimuskelmantel, den degenartigen Krallen und unserem Killerduft sind wir furchtlose Fighter und verteidigen unser Gebiet. Nur der Mensch kann uns gefährlich werden.

KAMEL

GANZ ENTSPANNT DURCH DIE WÜSTE

Wo ich lebe: Ich gehöre zu den Altweltkamelen, das sind Dromedare und Trampeltiere, und bin in den Wüsten der Welt zuhause, vor allem in Afrika und Asien.
So sehe ich aus: Typisch sind meine Höcker: Dromedare haben einen Höcker auf dem Rücken, Trampeltiere zwei.
Und so groß bin ich: Ich kann bis zu 700 Kilogramm wiegen und bin vom Boden bis zum Höcker 230 Zentimeter hoch.

Ja, ohne uns Kamele wären die Menschen in der Wüste nicht überlebensfähig. Wir schleppen Lasten durch die Hitze, Sandstürme machen uns nichts aus, und wir müssen dennoch tagelang nichts essen und trinken. Das liegt an ein paar verblüffenden Eigenheiten unseres Körpers. Unsere Höcker, ob einer oder zwei, sind unsere Fettreserve. Davon bedienen wir uns in kargen Zeiten. Wirken die Höcker schlapp, sollten wir recht bald Heu, Stroh, Getreide oder Datteln zu uns nehmen, um diese Speicher wieder aufzufüllen.
Noch ausgefeilter aber ist unser Wasserspeichersystem. Unsere drei Mägen dienen als Reservoir, und unser Blut hilft dabei. Die roten Blutkörperchen sind so geformt, dass sie nicht platzen, wenn wir mal ratzfatz, in wenigen Minuten, 200 Liter Wasser trinken. Außerdem filtern unsere Nieren den Urin, zapfen ihm das Wasser ab und speichern es. Und in unserem Darm wird unser Kot quasi staubtrocken gemacht. Das ist vor allem nützlich für die Menschen, die unsere Hinterlassenschaften als Brennmaterial verwenden können.
Bei Sandsturm halten unsere langen Wimpern den Sand ab, und unsere Nasenlöcher können wir verschließen. Was wir Kamele deshalb nicht verstehen können, ist, warum die Menschen jemanden als Kamel bezeichnen, der ein bisschen doof ist. Oder als Trampeltier, wenn jemand tollpatschig ist. Das sind wir nämlich beides gar nicht! Wir überleben in der Wüste und der Mensch ist auf uns angewiesen.

KARNEVALS-TINTENFISCH

ICH KANN 15 VERSCHIEDENE TIERE NACHMACHEN

Wo ich lebe: Wohl fühle ich mich in den flachen Gewässern vor Malaysien, Indonesien und den Philippinnen.
So sehe ich aus: Ich bestehe hauptsächlich aus Kopf und acht Armen oder Füßen und bin braun mit vielen weißen Flecken.
Und so groß bin ich: Von Kopf bis Fuß kann ich bis zu zwei Meter lang werden.

Als eher friedliebender Kopffüßler, so bezeichnet man uns auch auf Griechisch *Cephalopodae* (*κεφαλή kephalē* = Kopf, *ποδ pod* = Füße), müssen wir aufpassen, dass wir nicht auf dem Speiseplan anderer Meeresbewohner landen. Unser Trick ist: Wir treten als Verwandlungskünstler auf und können so in unserer Umgebung verschwinden. Wenn uns Gefahr droht, etwa von einem Riffbarsch, verwandeln wir uns äußerlich in eine Seeschlange. Und nicht nur das, wir verhalten uns auch so. Sehen wir andere Fressfeinde, können wir uns als Plattfisch, Feuerfisch oder Qualle verkleiden. Du kannst also auch „Faschingsfüßler" zu uns sagen! Wenn wir auf der Suche nach kleinen Krebsen über den Meeresboden gleiten, legen wir unsere Tentakel dicht aneinander, färben sie in der Farbe des Bodens und ahmen die Schwimmbewegung eines Plattfischs nach.
Unsere Täuschung ist so perfekt, dass uns lange Zeit kein Mensch entdeckt hat. Bis 2001, als uns ein Forscherteam 16 Tage lang begleitete und danach in einem Film beweisen konnte, dass wir andere Tier nachahmen, die tausend Mal gefährlicher sind als wir. Das macht natürlich mächtig Eindruck auf unsere Angreifer, vor allem im Kostüm der Seeschlange können wir echt „schrecklich" wirken, denn die gehört zum Giftigsten, was im Meer herumschwimmt. Wir setzen übrigens unsere Verwandlung ganz bewusst ein, das ist nicht nur ein Reflex, also angeboren. Nein, wir entscheiden nach Lage der Dinge, als was wir uns tarnen, um zu täuschen.

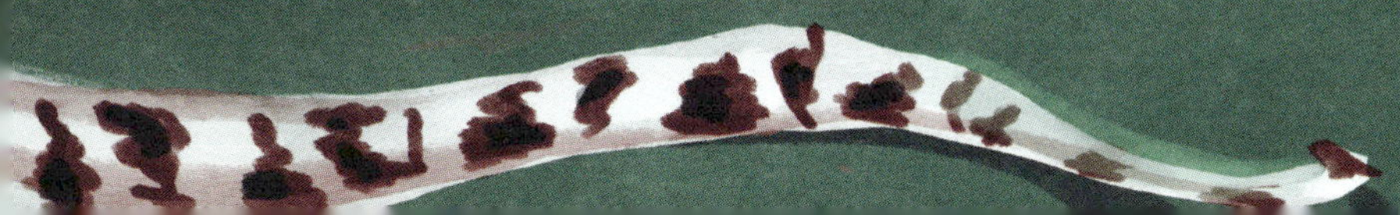

KELLERASSEL

MIT VEREINTEN KRÄFTEN VERBESSERN WIR DEN BODEN

Wo ich lebe: Ich bin Weltenbummler und komme überall vor, wo es dunkel und feucht genug ist.
So sehe ich aus: Mit meinem flachen Panzer ähnle ich einem Insekt oder sogar einem winzigen Gürteltier.
Und so groß bin ich: Bis zu 18 Millimeter können die größten von uns werden.

Wir Asseln lieben die Gemeinschaft, deshalb spreche ich hier von „Wir". Auch wenn das Wort Kellerassel als Schimpfwort eingesetzt wird, weil wir gerne im Finsteren und Verborgenen leben, oder weil wir so geheimnisvoll aussehen, sind wir Asseln unheimlich nützlich und ziemlich einzigartig.
Die meisten unserer Art leben im Meer, wir gehören zu den Krebstieren. Und wir sind die einzigen Krebse, die dauerhaft an Land leben können, obwohl wir durch Kiemen atmen. Das heißt, wir müssen mit allem, was wir haben, Wasser sammeln, das wir zu unseren Kiemen leiten, die sich an unseren Hinterleibsfüßen befinden. Übrigens, wir Asseln haben sieben völlig gleiche Beinpaare. Die Feuchtigkeit kondensiert an unserem kühlen Chitinpanzer und das daraus entstehende Wasser wird über Furchen in unserem Panzer zu den Kiemen geleitet. Weil dadurch nicht genug Wasser zusammenkommt, gibt es noch ein paar Behelfslungen, die gleich direkt in den Hinterleibsbeinen sitzen und anders als Kiemen den Lungen ähnlicher gebaut sind. Wir atmen quasi mit den Füßen.
Wir fressen leidenschaftlich gern Pflanzenreste. Ob Laub, Kompost oder morsches Holz, mit unseren kräftigen Kauwerkzeugen zerkleinern wir das alles mühelos. Meist nehmen wir auch noch Sand und Erdkrümel auf. In unserem Darm wird alles schön verquirlt. Unsere Kothäufchen sind dann allerfeinster Humus, der die Qualität von Erde verbessert. Eigentlich müssten Gärtner und Bauern uns zum Wappentier machen, genauso wie unsere Freunde, die Regenwürmer.

KIWI

5,5 MILLIONEN MENSCHEN SIND NACH MIR BENANNT

Wo ich lebe: Ich lebe nur in Neuseeland.
So sehe ich aus: Mein 20 Zentimeter langer Schnabel ist beeindruckend, und ich habe nur winzige Flügel und keinen Schwanz.
Und so groß bin ich: Ich bin so groß wie ein Huhn.

Wer uns begegnen will, muss nachts raus. Dann wühlen wir mit unserem langen Schnabel in der Erde nach Futter. Wir müssen uns allein auf unseren Geruchssinn und unsere exzellenten Ohren verlassen, denn wir sehen furchtbar schlecht.
Irgendwann haben wir Kiwis wohl auch verlernt zu fliegen, weil wir über Jahrmillionen keine Feinde hatten auf den neuseeländischen Inseln. Als der Mensch kam und mit ihm Hunde, Katzen und Ratten, wurde es eng für uns. Und doch verehren uns die Neuseeländer so sehr, dass sie sich selbst als Kiwis bezeichnen. Das kam durch eine Schuhcreme, die ein Schotte erfand und sie seiner neuseeländischen Frau zuliebe Kiwi nannte, nach dem Wappenvogel Neuseelands. Als im Ersten Weltkrieg die Sättel und Stiefel der neuseeländischen Soldaten ganz besonders schön glänzten, wegen der Schuhcreme aus einer kleinen Dose, auf der ein Kiwi abgebildet war, entstand der Spitzname „Kiwi" für alle fünfeinhalb Millionen Einwohner Neuseelands.
Mittlerweile sind wir Kiwis wegen einer Frucht weltberühmt: Das war, als man 1959 in unserer Heimat anfing, die Chinesische Stachelbeere zu kultivieren, die in ihrer pummeligen Form und mit ihrer graubraunen Haarigkeit exakt aussieht wie wir.
Unsere Art ist stark gefährdet, seit 1921 stehen wir sympathischen Vögelchen unter Schutz. Wir Kiwis leben übrigens als Paare ein Leben lang zusammen, scheu und zurückgezogen. Nur unsere schrillen Pfiffe, die hört man immer und überall.

KLIPPSCHLIEFER

ICH HABE SPANIEN ZU SEINEM NAMEN VERHOLFEN

Wo ich lebe: Teile Nordafrikas und der Nahe Osten sind meine Heimat.
So sehe ich aus: Mittelbraun mit dunkleren Flecken und Streifen ist mein Fell, mein Schädel ist klein und rund im Verhältnis zum Körper.
Und so groß bin ich: Ich bin in etwa so groß wie ein Kaninchen.

Wir leben gerne in Kolonien von bis zu 80 Tieren auf Klippen, in Höhlen und auf felsigem Gelände. Wir Klippschliefer sind im Klettern superklasse, denn wir haben Spezialpölsterchen an den Fußsohlen, die auch noch eine Flüssigkeit absondern, die uns Halt gibt.
Über unser Aussehen konnten sich viele tausend Jahre die Menschen nicht einigen. Irgendwas zwischen Dachs, Murmeltier und Kaninchen. Aber wir sind keine Nager, sondern reine Pflanzenfresser, haben allerdings einen wirklich extralangen Stammbaum. Vorfahren von uns sollen schon vor fünf Millionen Jahren existiert haben. Und noch ein paar Milliönchen Jahre davor waren wir einmal sogar mit Elefanten und Seekühen verwandt.
Dass wir aber schon in der Bibel vorkommen, ist erst jüngst bekannt geworden, nach einer Neuübersetzung. Unsere hebräische Bezeichnung wurde wohl aus Unkenntnis immer mit „Kaninchen" übersetzt. Gegen Ende des 20. Jahrhunderts wurde das an drei Stellen in der Bibel korrigiert. Für Sprachverwirrung scheinen wir ein Pfötchen zu haben. Als die Phönizier vor rund 3000 Jahren auf der iberischen Halbinsel landeten, dort, wo heute Spanien und Portugal sind, hielten sie die dort vorkommenden kurzohrigen Wildkaninchen für Klippschiefer, die sie aus ihrer eigenen Heimat kannten. Sie nannten das neue Land *ishapan*, „Land der Klippschliefer". Später, durch einige sprachliche Veränderungen, wurde daraus dann *hispania*, also Spanien. Damit sind wir die einzigen Tierchen, nach denen ein Land benannt ist.

KOLIBRI

ALS KLEINSTER VOGEL DER WELT GROSSE KLASSE

Wo ich lebe: Man findet mich fast überall im südlichen und nördlichen Amerika.
So sehe ich aus: Meine Gefiederzeichnung ist schillernd und bunt und variiert von Art zu Art. Es gibt 371 verschiedene Arten.
Und so groß bin ich: Die meisten von uns wiegen nur zwei Gramm und sind sechs Zentimeter groß. Nur der Riesenkolibri misst 22 Zentimeter.

Wir ernähren uns ausschließlich von Blütennektar. Deshalb sind das wirklich Auffällige an uns unsere Schnäbel. Sie sind oft viel länger als unser Körper und je nachdem, welche Blüten wir als Nahrung bevorzugen, auch unterschiedlich lang und geformt. Noch spezieller ist unsere Zunge, die doppelt so lang wie unser Schnabel ist und aus zwei winzigen Röhrchen besteht, die wie Trinkhalme funktionieren. Aber auch wenn wir klein und ultraleicht sind, können wir nicht auf der Blüte, die uns schmeckt, landen, sondern müssen über ihr im Flatterflug stehen, den Schnabel versenken und dann mit der Zunge den süßen Nektar herauszuzeln.
Dazu brauchen wir einen Flügelschlag, der alle anderen Vögel übertrifft. Und weil das sehr anstrengend ist, leistet unser Herz eine Mammutaufgabe. Es ist im Verhältnis zu unseren Körperchen richtig riesig, und bei Anstrengung haben wir einen Puls von 1200 Schlägen pro Minute. Bei großer Kälte oder bei Nahrungsmangel fällt er auf 30 Schläge.
Wir lieben Extreme: Wir sind nur so groß wie eine Hummel, haben aber ein Herz in der Größe einer Heidelbeere und legen die allerkleinsten Eier aller Vögel. Unsere Schnäbel sind wie Dolche, unsere Zunge ist eine Art Trinkhalm. Und wir können außerdem als einzige Vogelart rückwärtsfliegen. Beim Flugzeug würde man von Flugumkehr sprechen. Wir sagen: Die Evolution hat uns zu Spezialisten gemacht. Klein, aber oho, und auch noch wunderschön anzusehen!

KOMODOWARAN

ICH BIN DIE GRÖSSTE ECHSE

Wo ich lebe: Auf den Kleinen Sunda-Inseln in Indonesien.
So sehe ich aus: Ich sehe wirklich aus wie ein Dinosaurier mit graubrauner Echsenhaut, einem langen kräftigen Schwanz und massigen Beinen.
Und so groß bin ich: Ich kann bis zu zweieinhalb Meter lang und 90 Kilogramm schwer werden.

Wir sind wahre Echsengiganten, die größten Echsen überhaupt, und wir kommen wirklich nur in bestimmten Teilen einer kleinen indonesischen Inselgruppe vor. Dort ernähren wir uns von Aas und von lebenden Tieren, das können schon mal Hirsche oder Wasserschweine sein, die wir dann restlos verputzen. Wie wir jagen? Mit einem Giftcocktail, der aus Drüsen in unseren Zahnzwischenräumen kommt und bei unseren Opfern zu Lähmung, Blutdruckabfall und Verbluten führt. Wir brauchen diese Giftwaffe, denn wir bewegen uns relativ langsam und haben auch nicht die Beißkraft eines Krokodils. Weil wir nicht wählerisch sind, was unseren Speiseplan betrifft, fressen wir gelegentlich Jungtiere unserer Art auf. Kannibalismus nennen es die Menschen.
Aber wir Warane sind ja nicht dumm. Schon als Jungtiere wissen wir, dass mit den Alten nicht zu spaßen ist und flüchten auf Bäume. Wir sind nämlich ausgezeichnete Kletterer, was man uns auf den ersten Blick gar nicht ansieht, so träge wie wir manchmal herumlungern. In den Baumwipfeln verbringen wir als Jungtiere mehrere Jahre, bis wir kräftig genug sind, und die Alten sich nicht mehr an uns herantrauen. Dann werden wir selbst zu ziemlich guten Jägern. Man hat uns erst Anfang des 20. Jahrhunderts entdeckt, davor waren wir nur als Märchenwesen bekannt. Da passt die Sache mit der Fortpflanzung gut dazu: Wir sind Einzelgänger und brauchen ziemlich große Reviere. Es kommt vor, dass manche Weibchen ganz ohne Paarung Junge gebären. „Jungfrauengeburt“ nennt man es wohl, und das ist kein Märchen!

KROKODIL

ICH HABE DIE MEISTEN ZÄHNE

Wo ich lebe: In allen tropischen Regionen der Welt bin ich daheim.
So sehe ich aus: Am auffallendsten ist mein langes Maul und mein behäbiger, mit einem Panzer versehener Körper.
Und so groß bin ich: Einige unserer Art können bis zu sieben Meter lang werden und 1000 Kilogramm wiegen.

Wir Krokodile sind die letzten echsenartigen Nachfahren der Dinosaurier und somit auch mit den Vögeln verwandt. Kaum zu glauben bei unserem Aussehen und unserem Gebiss: Bis zu 80 messerscharfe Zähne stehen wie kleine spitze Kegel in unserem Kiefer. Vom Kollegen Alligator unterscheidet uns, dass unser vierter Zahn im Unterkiefer auch bei geschlossenem Maul immer sichtbar ist. Und was das Schärfste ist: Die Zähne wachsen beständig nach. Einmal im Jahr werden sie rundum erneuert. Bis zu 3000 Zähne produzieren unsere Kiefer im Laufe eines etwa 70 Jahre langen Krokodillebens.
Das ist auch nötig, denn unsere Jagdmethode ist ziemlich kraftaufwendig. Unser Unterkiefer ist unbeweglich, nur unser Oberkiefer kann hoch- und zuklappen. Also müssen wir unsere Beuten packen und uns in der sogenannten Todesrolle so lange um die eigene Achse drehen, bis wir sie in einem Haps verdrücken können. Kauen geht nämlich mit unseren Beißerchen nicht. Weil diese Todesrolle auch noch echt anstrengend ist, und wir dabei schnauben wie eine Dampflock, rinnen uns vor lauter Druck schon mal Tränen aus den Augen. Diese Krokodilstränen sind seither als Sprichwort berühmt, wenn es um falsche Gefühle geht.
Was unsere Nachkommen betrifft, da haben wir Krokos auch eine Spezialität: Je nach Temperatur schlüpfen aus unserem Gelege Männchen oder Weibchen. Unter 30 Grad werden es Mädchen, darüber Buben. Da es uns Krokodile schon seit 250 Millionen Jahren gibt, scheint die Methode ganz erfolgreich zu sein.

KLEINER LEBEREGEL

SCHNECKEN UND AMEISEN HABE ICH FÜR MEIN LEBEN GERN

Wo ich lebe: Ich lebe in Leber und Galle von Ziegen, Schafen, Rehen und Hasen.
So sehe ich aus: Ich bin mal fadenförmig, mal schleimig, dann wieder ganz platt und als Ei auch noch kugelig.
Und so groß bin ich: Als erwachsenes Tier bin ich zwei Millimeter breit und zehn Millimeter lang.

Damit wir gemütlich im Darm unserer Wirtstiere leben können, das sind Ziegen, Schafe, Rehe und Hasen, also Säugetiere, die gerne auf Weide und Wiese Gras fressen, nehmen wir eine lange Reise auf uns, bei der wir vielen Tieren begegnen. Oder besser gesagt, bei der wir uns von vielen Tieren fressen lassen. Aber von vorne: Wir Kleinen Leberegel-Weibchen scheiden im Darm unserer Wirtstiere massenhaft Eier aus, die mit dem Kot unserer Wirtstiere wieder ausgeschieden werden. Landschnecken lieben diesen Kot und fressen ihn auf. Im Darm der Schnecke platzen die Eier auf und es krabbeln Kleine Leberegel-Larven heraus. Anschließend fressen sie sich durch die Darmwand der Schnecke und gelangen in deren Lunge. Klar, die Schnecke muss dann husten, und sie hustet die Larven, die sich mit einem Schleimballen umgeben haben, einfach wieder aus. Danach kommen die Ameisen, sie mögen diese Schleimballen und fressen sie samt den Larven. In diesen Ameisen richten die Larven dann ganz schön was an. Sie wandern in das Zentralganglion der Ameise, das ist quasi deren Gehirn, und verändern dort das Verhalten der Ameise. Das klingt jetzt wie ein Krimi und es ist auch einer. Denn die verstörte Ameise beißt sich in kalten Nächten an Grashalmspitzen fest, statt in ihren Bau zurückzukehren. Kommt am nächsten Tag ein Reh, Schaf oder Hase und frisst das Gras samt Ameise, gelangt die Larve des Kleinen Leberegel endlich ans Ziel ihrer Reise: in Darm und Galle ihrer Wirtstiere, wo sie sich zum ausgewachsenen Egel entwickelt.
Das ist doch ein sehr verrückter Weg, um nach Hause zu kommen!

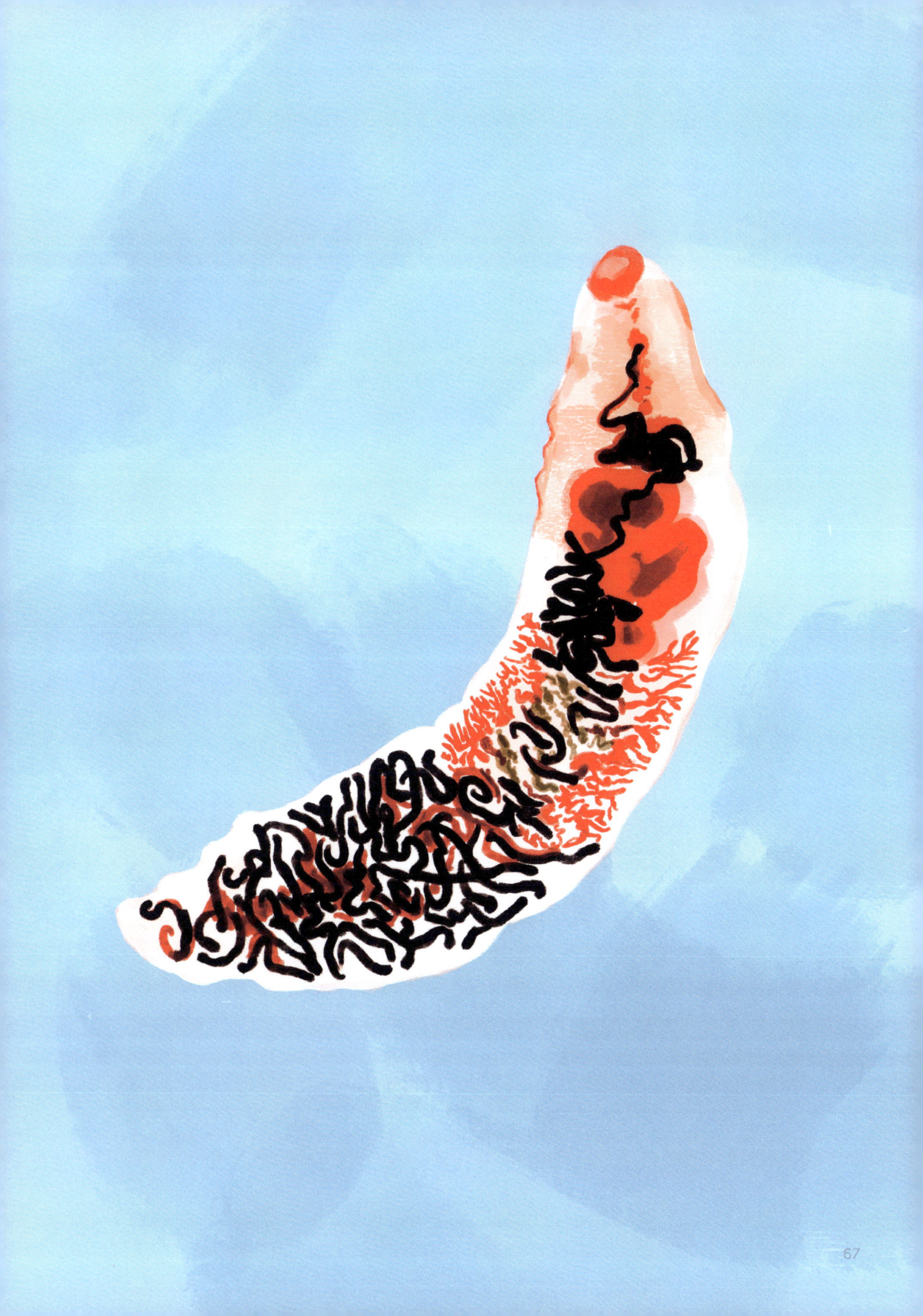

LEIERSCHWANZ

DU FINDEST KEINEN BESSEREN SHOWMASTER!

Wo ich lebe: Mich gibt es nur in Südaustralien und Tasmanien.
So sehe ich aus: Das Auffälligste ist mein Schwanz mit seinen zarten Federn. Mein Körper ähnelt dem eines Fasans.
Und so groß bin ich: Ich kann bis zu 100 Zentimeter lang werden.

Wir sind wirklich sehr scheu, und Menschen bekommen uns nur selten zu sehen. Nachts schlafen wir hoch oben in den Bäumen, am Tag scharren wir mit unseren scharfen Krallen am Boden nach Futter. Aber wofür wir wirklich berühmt sind, das ist unser Gesang. Schon von Geburt an haben wir eine Vielzahl von Tönen im Repertoire. Im Laufe unseres Lebens imitieren wir so ziemlich jedes Geräusch, das wir einmal gehört haben, von Menschenliedern bis Bohrmaschine, von Autolärm bis Sirene. Das liegt an unserem besonderen Stimmorgan, das uns zum vielseitigsten Sänger unter den Vögeln macht.
Für uns Leierschwänze ist es lebenswichtig, so stimmgewaltig zu sein. Die Leierschwanz-Mädels suchen sich den besten Sänger und – aufgepasst – auch Tänzer aus. Wir studieren zu jeder einzelnen Tonfolge auch eigene Tanzschritte ein und führen eine richtige Choreografie auf, um unsere Angebetete zu überzeugen.
Schließlich hat sie nach erfolgreicher Paarung auch allein das Sorgerecht. Sie baut das Nest, brütet das eine einzige Ei aus und zieht das Junge groß. Da kann man schon mal ein bisserl eine Show machen. Mit unserem langen Schwanz, der aussieht wie eine Leier, das ist ein altes Saiteninstrument, haben wir das perfekte Kostüm dafür.

LEUCHTKÄFER

ICH BIN EIN LEUCHTENDES SCHRECKGESPENST

Wo ich lebe: Außer in der Antarktis bin ich überall auf der Welt zu finden.
So sehe ich aus: Ich habe große Flügel, ein weißes Schwanzende und ähnle ein wenig einer winzigen Libelle.
Und so groß bin ich: Die größten unter uns werden rund 12 Millimeter groß.

In der Zeit um die Sommersonnenwende, rund um den 21. Juni, sind wir in Europa besonders häufig zu beobachten. Und weil am 24. Juni der Gedenktag von Johannes dem Täufer ist, nennt man uns im Volksmund auch Johanniskäfer oder Glühwürmchen.
Natürlich glühen wir nicht, das wäre viel zu gefährlich, und Würmchen sind wir auch keine, sondern Käfer. Wir senden kaltes Licht aus, das wir mit den Zellen an unserer Bauchseite herstellen. Im Verhältnis zu unserer Winzigkeit ist das Licht ganz schön stark. Könnte der Mensch ähnlich so viel Energie umwandeln wie wir, wäre die Energiewende, die alle fordern, schon längst gelungen.
Wie so vieles in der Natur haben wir diese Superkraft nur, um uns zu paaren. Übrigens leuchten und fliegen können bei uns nur die Männchen, jedenfalls die meisten. Die Weibchen sitzen leuchtend auf Gräsern und in Büschen. So hübsch strahlend können wir uns finden. Nach der Paarung wird aber unser Lebenslicht bald ausgeknipst. Dafür liegt vor unserer Leuchtphase, die wir nur als ausgewachsener Käfer haben, eine lange Larvenzeit, und in der sind wir ganz schön brutal unterwegs.
Wenn wir als Larven aus den Eiern schlüpfen, die unsere Mütter in der Erde abgelegt haben, sind wir gierig auf Schnecken, egal ob mit Häuschen oder ohne. Wir arbeiten uns auf den Schleimspuren der Weichtiere voran, und verteilen durch Bisse Gift in den Schnecken, bis sie sterben. Dann verputzen wir das viel, viel größere Tier in wenigen Tagen.
So geht das drei Jahre lang. Es ist schon ein Wunder, dass wir winzigen Vampire mit romantischer Liebe verbunden werden und in vielen Gedichten vorkommen. Eigentlich sind wir ein brutales Überfallkommando.

MÄHNENWOLF

MEIN GERUCH KANN LEICHT VERWECHSELT WERDEN

Wo ich lebe: Ich bin in Südamerikas Grassavannen zuhause.
So sehe ich aus: Mit meinem rotbraunen Fell und der schwarz gefärbten Mähne sehe ich aus wie Hunde, Füchse oder Hyänen.
Und so groß bin ich: Wegen meiner langen Beine habe ich eine Schulterhöhe von einem Meter, dabei wiege ich nur 25 Kilogramm.

Wir Mähnenwölfe gehören zur Familie der Hunde, genauer gesagt zu den Wildhunden, die eigentlich als Rudel leben. Wie sie verständigen wir uns über das Bellen. Aber wir sind Einzelgänger, auch wenn wir mit unseren Partnern ein Leben lang zusammenbleiben. Gemeinsame Sache machen wir nur bei der Aufzucht der Jungen.
Ansonsten durchstreifen wir tagsüber auf unseren langen Beinen, in einem Bereich von 60 Kilometern, die Savannen auf der Suche nach Fressbarem, das sind bei uns hauptsächlich Kräuter und Früchte. Und weil die köstlichsten Früchte meist ziemlich weit oben hängen, stellen wir uns auf unsere langen Hinterbeine und können uns, wie die Giraffen, hoch oben bedienen. Besonders gut schmeckt uns der Wolfsapfel, eine Art grüne Tomate, der wir ganz nebenbei auch bei der Verbreitung helfen, weil wir ihre Samen mit dem Kot ausscheiden. Und für unsere andere Ausscheidung sind wir auch berühmt: Unser Urin hat einen wirklich scharfen Geruch, hauptsächlich, um unsere großen Reviere zu markieren. Dieser Geruch erinnert an Marihuana – was in machen Zoos schon dazu geführt hat, das Polizeistreifen gerufen worden sind, um nach Hanfpflanzen zu suchen, aus denen das Marihuana gewonnen wird.

MÄUSEBUSSARD

ICH SEHE WAS, WAS DU NICHT SIEHST!

Wo ich lebe: Auf und über den Feldern, Äckern und Wiesen, in Europa und Asien, da fühle ich mich wohl.
So sehe ich aus: Ich bin ein mittelgroßer Greifvogel, mein Gefieder ist grau, braun und weiß.
Und so groß bin ich: Meine Flügelspannweite kann bis zu 120 Zentimeter betragen.

Wir fressen für unser Leben gerne Mäuse, das hat uns unseren Namen eingebracht. Und wir sind sehr scharfe Beobachter. Denn die lichtempfindlichen Sinneszellen in unseren Augen stehen so dicht beieinander, dass wir aus weiter Entfernung kleinste Bewegungen wahrnehmen können. Aber das allein würde aus uns noch keine erfolgreichen Jäger machen.
Mit unseren Fernglasaugen können wir auch ultraviolettes Licht wahrnehmen. Da ist es sehr praktisch, dass der Urin von Mäusen genau dieses Licht widerspiegelt. So erkennen wir, in welchem Bereich besonders viele Mäuse unterwegs und ob die Spuren frisch sind. Meistens ist das in der Nähe von Mäusehöhlen. Wir müssen dann eigentlich nur noch warten, bis sich unsere Leibspeise blicken lässt. Wir beobachten von einem Baum aus sehr geduldig, was passiert.
In der Dämmerung sehen wir ausgezeichnet – und das auch noch sehr farbig. Dass wir auch ultraviolettes Licht erkennen können, haben wir einem vierten farbempfindlichen Zäpfchen in unseren Augen zu verdanken. Menschen haben nur drei Zäpfchen, für Grün, Blau und Rot. Diese Ultraviolett-Empfindlichkeit hilft uns nicht nur Beeren und Früchte zu erkennen, sondern ebenso bei der Partnersuche. Denn wir erkennen für den Menschen unsichtbare Muster im Gefieder unserer möglichen Partner und wählen dann aus. Es ist also eine Art Geheimschrift, die nur wir Vögel entziffern können. Wir Vögel sehen die Welt viel bunter als die Menschen!

MOSCHUSTIER

WERTVOLLER ALS GOLD, LEIDER...

Wo ich lebe: Ihr findet mich im Himalaya in Asien.
So sehe ich aus: Ich werde gerne mit Hirschkühen verwechselt, bin aber mit Ziegen, Antilopen und Rindern verwandt. Mein Fell ist graubraun, typisch ist mein gewölbter Hinterleib.
Und so groß bin ich: Mit einer Schulterhöhe von 80 Zentimetern und einem Gewicht von zehn Kilogramm bin ich eher zierlich.

Wie sollen wir unser Aussehen beschreiben? Unser Kopf ist einem Hasen mit runden Ohren ähnlich, unser Körper gleicht einem Reh mit Buckel, wir laufen wie ein Känguru und wir haben Zähne wie ein Vampir. Alles klar? Blutrünstig sind wir eigentlich nicht, wir sind eben Pflanzenfresser. Die langen Hauer, die rechts und links aus unserem Maul stehen, brauchen die Männchen unter uns nur in der Brunft, dann allerdings sind sie nicht zimperlich miteinander, sondern fügen sich gegenseitig tiefe Wunden zu.
Sie besitzen auch ein Sekret, das sie zur Reviermarkierung einsetzen. Es kommt aus einer Drüse zwischen Nabel und Geschlechtsorgan. Dort sammelt sich in einem Beutel eine bräunliche, stark riechende Flüssigkeit, die unter dem Namen Moschus berühmt geworden ist und der wir unseren Namen zu verdanken haben. Dieser Moschus wird in der fernöstlichen Medizin und in der Parfümindustrie verwendet. Mittlerweile kommt in Parfüms ein chemischer Ersatz zur Verwendung, aber man macht immer noch Jagd auf uns wegen der angeblich heilenden Wirkung des Sekrets, das auf dem Weltmarkt teurer als Gold ist. Deshalb sind unsere Bestände stark gefährdet. Die Vampire sind daher eigentlich die Menschen, die uns wegen des wertvollen Stoffs töten.

NACKTMULL

ICH BLEIBE EWIG JUNG

Wo ich lebe: Ich lebe tief unter der Erde in Afrika.
So sehe ich aus: Die einzigen Haare sind meine Tasthaare, ansonsten bin ich nackt, rosa und habe sichtbare Schneidezähne. Ich sehe ein wenig aus wie eine faltige Wurst.
Und so groß bin ich: Ich bin zwischen fünf und 15 Zentimeter lang und wiege bis zu 50 Gramm – kaum größer als eine Maus.

Es sieht so aus, als hätten wir Nacktmulls uns von vielen Tieren nützliche Eigenschaften abgeguckt. Wir sind wechselwarm wie Eidechsen, damit wir Temperaturunterschiede gut ausgleichen. Wir können 18 Minuten ohne Sauerstoff auskommen, wie manche Amphibien. Wir trinken nie. Bei uns bringt nur die Königin Kinder zur Welt. Alle 70 bis 80 Tage bekommt sie über 20 Junge. Damit das geht, wächst die Königin während der Trächtigkeit ganz schön in die Länge.
Das muss wohl alles so sein, denn da, wo wir leben, ist es ziemlich ungemütlich. Wir hausen tief in der Erde in großen Kolonien. Dort graben wir mit unseren scharfen Schneidezähnen Höhlensysteme und ernähren uns nur von trockenen Pflanzenknollen, die wir mit einem kräftigen Bakteriencocktail in unserem Magen verdauen, ausscheiden und nochmals fressen, um wirklich alles zu verwerten. Das machen Kaninchen übrigen auch.
Unser ganzer Körper ist dazu gemacht, in Dunkelheit und Staub gut zurechtzukommen. Die faltige Haut passt sich Krümmungen an, die Augen können mit einem Extraaugenlid abgedeckt werden. Unsere Grabzähne liegen vor den Lippen, damit wir nicht ständig Erde schlucken müssen. Und wir sind total schmerzunempfindlich: Hitze, Säure, Stiche – machen uns nichts aus. Und was das Tollste ist: Wir altern nicht. Wir kommen faltig auf die Welt und sehen 20 Jahre später noch genauso aus. Keine Krankheiten, kein Verfall, unser Stoffwechsel lässt das nicht zu. Wir bleiben jung!

NARWAL

KENNST DU DAS WAHRE EINHORN?

Wo ich lebe: In den Tiefen der Polarmeere bin ich unterwegs.
So sehe ich aus: Ich sehe Delfinen ähnlich, aber das Auffälligste ist mein langes Horn.
Und so groß bin ich: Inklusive Stoßzahn bin ich acht Meter lang.

Ich bin das Einhorn unter den Tieren. Wegen uns wurden die Fabelwesen berühmt und wir lieferten, nicht ganz freiwillig, einst das Wertvollste, was es in den Schatzkammern der Könige und Kaiser gab: das Narwalhorn. Unser Gebiss hat eine Besonderheit: Der Eckzahn links wird bei uns zu einer Art Lanze und wächst aus dem Maul heraus. Bis zu drei Meter lang ringelt sich ein gewundenes Horn nach vorn.
Im Mittelalter war dieses Horn wertvoller als Gold und viele meiner Vorfahren starben, denn ihre Hörner wanderten in die Schatzkammern der Könige, wo sie als Zepter dienten.
Zahlreiche Geschichten ranken sich seit dem Mittelalter um uns, auch weil uns so gut wie niemand zu Gesicht bekommt, außer Walfänger in der Arktis, wo wir im Packeis in kleinen Gruppen leben. Doch wozu brauchen wir unser Horn, das eigentlich ein Stoßzahn ist? Wir kämpfen nicht damit, wir wühlen nicht am Meeresgrund, und wir durchstoßen auch nicht die Eisdecke. Nein, dieses spiralförmige Erkennungszeichen ist ein Sinnesorgan, ein Sensor. Es misst Temperatur und Strömungen, den Salzgehalt und Wasserdruck. Diese Informationen nutzen wir, um unsere Beute aufzuspüren. Wir sind genauso empfindsam wie die Einhörner in den vielen Märchen.

OPOSSUM

ICH KANN MICH TOTSTELLEN

Wo ich lebe: Ich bin das einzige Beuteltier, das außerhalb von Australien lebt, nämlich in Amerika.
So sehe ich aus: Ich sehe ziemlich putzig aus mit meinen braunen Äuglein, meiner rosa Nasenspitze, den vielen Tasthaaren und meinem weißen fusseligen Pelz.
Und so groß bin ich: Ich bin in etwa so groß wie eine Hauskatze, zwischen 35 und 50 Zentimeter lang.

Wir Opossums haben einen langen Stammbaum, der bis in die Dinosaurierzeit reicht. Wir bringen zweimal im Jahr bis zu 20 winzige, nackte, völlig schutzlose Junge zur Welt, die wir erst einmal in unserem Bauchbeutel füttern und aufziehen müssen. Und wir sind bis heute in unserem Bestand nicht gefährdet, das muss uns mal einer nachmachen!
Dafür gibt es ein paar Gründe: Wir sind ziemlich anpassungsfähig und folgen den Menschen in ihre Siedlungen, weil wir eigentlich Allesfresser sind. Giftschlangen und Skorpione machen uns nichts aus, wir haben ein körpereigenes Gegengift. Sogar gegen Tollwut sind wir immun. Leider hilft uns das nichts bei der Abwehr unserer Fressfeinde wie den Kojoten und Greifvögeln. Da haben wir einen anderen Trick auf Lager: Sobald der Feind zu nah kommt, fallen wir – bumm! – um. Aus die Maus, oder: aus das Opossum. Zusätzlich sondern wir eine sehr übelriechende Flüssigkeit ab.
Das Totstellen macht uns zwar wehrlos, aber weniger attraktiv für Beutejäger, die auf Bewegung reagieren. So erstarrt können wir einige Stunden liegen bleiben, bis unsere Lebensgeister zurückkehren und wir uns in Sicherheit bringen. Leider ist unser größter Feind, wie immer, der Mensch, der unsere Pelzchen so gut findet, dass es sogar Opossum-Farmen gab. Entsetzlich, noch dazu, wo wir Opossums doch Einzelgänger sind.

PARADIESVOGEL

NICHTS IST SCHWÄRZER ALS ICH

Wo ich lebe: Ich lebe ausschließlich in Neuguinea.
So sehe ich aus: Die meisten Männchen von uns sind vogelbunt mit tollem Schwanzgefieder, die Weibchen unscheinbar mit nur wenigen Zierfedern.
Und so groß bin ich: Ich kann so groß wie eine Krähe werden.

Die Männchen unter uns Paradiesvögeln sind an Farbigkeit nicht zu übertreffen. Sie vollführen Balztänze auf Balzplätzen, hoch oben in den Bäumen. Kaum haben sie Erfolg bei einem Weibchen, geht es schon wieder los, als müssten sie ständig um die Wette eifern, wer der Schönste sei. Die Weibchen kümmern sich währenddessen um den Nachwuchs.
Aber einer aus unserer Paradiesvogelfamilie ist genau das Gegenteil zu den anderen bunten Vögeln. Es ist der Kragenparadiesvogel. Er besitzt nur wenige grüne Federn und der Rest seines Gefieders ist nicht nur pechschwarz, sondern superschwarz, man sagt „absolutes Schwarz“ dazu. Das liegt an der Anordnung allerfeinster Federchen und Fasern, die einfallendes Licht fast zu 100 Prozent „schlucken“. Da kann man keine Flügel, keine Federn, gar nichts mehr erkennen. Wir sind so etwas wie ein Scherenschnitt in der Landschaft.
Unseren Namen haben wir im Übrigen einer grausamen Sitte zu verdanken. Wegen unserer Schönheit wurden wir von den Einheimischen bejagt. Sie haben uns samt Kopf und Flügeln gegerbt und haltbar gemacht, aber die Beine weggelassen. Diese Vogelbälger haben sie als Tauschware eingesetzt. Die ersten westlichen Zoologen, die uns sahen, dachten deshalb, wir würden ein Leben lang nur fliegen – so ganz ohne Beine. Ein Zustand, wie er nur im Paradies vorstellbar ist. Wir aber sind ganz unparadiesisch gestorben wegen unseres Gefieders. Heute ist die Jagd auf uns zum Glück verboten.

PFEILSCHWANZ-KREBS

MEIN BLAUES BLUT ERKENNT GIFTIGE BAKTERIEN

Wo ich lebe: Ich komme in flachen tropischen Gewässern vor.
So sehe ich aus: Von mir sieht man nur einen leicht gewölbten, runden Panzer und einen langen pfeilartigen Schwanz sowie ein Band aus Zacken.
Und so groß bin ich: Ich kann bis zu 85 Zentimeter lang werden, für Krebse ist das gigantisch.

Uns Pfeilschwanzkrebse gibt es schon seit 500 Millionen Jahren auf der Erde, und wir werden zurecht „lebende Fossilien" genannt. Das liegt vielleicht auch ein wenig an unserem Äußeren, das sich in dieser Zeitspanne kaum verändert hat. Wir sehen wie ein Panzer mit Stachel aus. Auf fünf Beinpaaren können wir uns im flachen Meereswasser fortbewegen und jedes unserer Beinpaare hat noch eine Extraaufgabe wie Greifen, Graben oder Fächern.
Unser Schwanz ist unser Steuer, wenn wir uns zum Beispiel beim Schwimmen auf den Rücken drehen und mit dem Bauch nach oben auf dem Wasser gleiten. Aber unsere Besonderheit ist auch unser Schicksal, denn wir haben blaues Blut. Die Farbe ist dabei nicht so wichtig, die haben auch Skorpione und Asseln. Aber in unserem Blut befindet sich ein Stoff, der in der Medizin dazu verwendet wird, um herauszufinden, ob eine Flüssigkeit mit bestimmten Bakterien verseucht ist. Tut man einen Tropfen unseres Bluts dran und es gerinnt, ist das der Nachweis. Dazu wird uns bei lebendigem Leib Blut aus dem Herzen angezapft. Das schwächt und viele von uns sterben. Längst gibt es chemisch erstellte Tests, die verhindern, dass wir nach 500 Millionen Jahren doch noch aussterben. Denn wir tun niemandem was zuleide und müssen dennoch leiden.

PINGUIN

ICH HABE KEIN PROBLEM MIT KALTEN FÜSSEN

Wo ich lebe: Ich lebe nur auf der Südhalbkugel, an den Küstengewässern der Antarktis.
So sehe ich aus: Typisch sind mein blauschwarzes Gefieder und meine weiße Brust, das sieht aus wie ein Frack mit weißem Hemd.
Und so groß bin ich: Wir sind je nach Art unterschiedlich groß. Zwischen 30 Zentimetern und 1,20 Metern können wir erreichen, und die Größten von uns wiegen 40 Kilogramm.

Wir Pinguine sind Meister der Kälte. Wir schließen uns in großen Haufen zusammen, die sich ständig bewegen, sodass keiner von uns lange am Rand stehen muss. Unsere Füße sind immer eiskalt. Ja, warme Füße würden das Eis natürlich zum Schmelzen bringen und wir würden festfrieren. Für den „kalten Fuß" liegen in unseren Beinen und Flossen die Hauptblutbahnen, Venen und Arterien, dicht beieinander. Das warme, arterielle Blut, das vom Herzen kommt, gibt Wärme ab an die Venen, die kälteres Blut zum Herzen führen.
Unsere Flossen sind mit einer Fettschicht isoliert, das wirkt wie eine dicke Kreppsohle. An unserem Körper ist keine Stelle unbefiedert, noch nicht mal das Gesicht oder die Beine. Und unser Gefieder ist wie eine Ansammlung feinster Haare, in deren Zwischenräume wir Luft plustern, die uns wärmt. Klar, ordentlich Fett haben wir auch auf dem Ranzen.
An Land mögen wir ein wenig tollpatschig aussehen, wenn wir so langsam vor uns hin watscheln, aber im Wasser macht uns keiner was vor. Wir können tief tauchen und lange die Luft anhalten, wir springen wie die Delfine aus dem Wasser und wir schwimmen über zehn Kilometer pro Stunde schnell. Um mit Kälte und Tiefe zurechtzukommen, verlangsamt unser Herz seinen Schlag. Unsere Eier lagern wir auf unseren Flossen und brüten sie im Stehen aus. Wir haben aus unserer Umgebung das Beste gemacht. Und bitte vergiss nie: Einen Eisbären bekommen wir nicht zu Gesicht – der lebt nur am Nordpol!

PORTUGIESISCHE GALEERE

DER STAAT BIN ICH!

Wo ich lebe: Ich bin in den Ozeanen der Welt zuhause.
So sehe ich aus: Durchsichtig, wässrig, tentakelig, quallig, mit einem gläsernen Segel – genauso sehe ich aus.
Und so groß bin ich: Das ist schwer zu sagen, denn wir arbeiten zu Tausenden im Team und unsere Tentakel können bis zu 50 Meter lang werden.

Wir zählen zu den Staatsquallen. Der Begriff leitet sich von unserer Art des Zusammenlebens ab. „Portugiesische Galeere" ist so etwas wie unser Gruppenname. Jeder einzelne von uns ist ein Polyp, und die Gruppe besteht aus tausenden Polypen, die sich ständig miteinander abstimmen, damit die Arbeitsteilung klappt. Wie die Organe eines Körpers ist jeder von uns für etwas anderes zuständig: Die einen fangen Nahrung, manche verdauen, wieder andere versorgen uns über eine Verbindungsleitung mit Futter oder betätigen den glasigen Segelbalg, der uns wie ein Schwimmreifen auf der Wasseroberfläche treiben lässt. Droht Gefahr, lassen die Segel-Polypen die Luft raus und wir tauchen ab.
Das aber wirklich Wirksamste an uns sind unsere Tentakel, an denen sich Nesselzellen mit Gift befinden. Die Tentakel sind lange Fäden, die wir hinter uns herziehen und mit denen wir unsere Futteropfer betäuben. Das heißt, wir töten sie damit, denn das Gift ist wirklich heftig und auch für Menschen richtig gefährlich. Sogar abgerissene Tentakel verteilen noch munter ihr Gift. Doch auch wir haben Feinde, Karettschildkröten und Mondfische sind völlig immun gegen uns. Aber unser Staatsschutz warnt uns auch vor Feinden.

POTTWAL

ICH HABE VIELE SUPERKRÄFTE

Wo ich lebe: Ich schwimme in allen tiefen Weltmeeren.
So sehe ich aus: Mein kastenförmiger Kopf, der fast ein Drittel meines Körpers ausmacht, ist mein Erkennungszeichen.
Und so groß bin ich: Die Männchen unter uns Pottwalen können bis zu 25 Meter lang werden und 50 Tonnen wiegen. Die Weibchen sind fast um die Hälfte kleiner, aber das ist auch noch ziemlich groß.

Wir können bis zu 1 000 Meter tief tauchen, 100 Minuten lang die Luft anhalten, wir haben mit fast zehn Kilogramm das größte Gehirn aller Säugetiere und unsere Jungen bekommen die fetthaltigste Milch aller Säugetiere, wodurch sie unglaubliche 100 Kilo pro Tag zunehmen können. Wir stoßen Töne aus, die so laut sind wie eine Weltraumrakete beim Start und meine Beute sogar töten können. Ja, wir sind in vielen Dingen spitze.
Leider wurden wir auch spitzenmäßig bejagt und waren kurz vor dem Aussterben, bis es zu einem Verbot kam, mit Pottwalprodukten zu handeln.
Berühmt sind wir aber für unser Erbrochenes. Klumpen, die wir rauswürgen und die in Verbindung mit Sauerstoff zu stinken, äh, zu riechen anfangen. Ambra heißt das gelbliche, wachsartige, zähe und stinkige Zeug, das ausgerechnet bei der Parfümherstellung hilft, den Duft dauerhaft zu machen. Mittlerweile wird Ambra künstlich hergestellt. Doch warum produzieren wir dieses Ambra? Wir fressen sehr gerne Riesentintenfische und Kraken. Deren Hornkiefer bleiben unverdaut und würden uns die Darmwand aufschlitzen, wenn wir sie nicht mit Ambra umhüllen würden. Ist der Klumpen in unserem Darm zu groß, würgen wir ihn aus. Danach kann er jahrelang in den Weltmeeren treiben. Wer Ambra an Land findet – die Klumpen können zehn bis 100 Kilogramm wiegen –, kann reich werden. Denn für diese „Kotsteine" (es müsste eigentlich „Kotzsteine" heißen) wird immer noch sehr viel Geld bezahlt – pro Gramm!

PURPUR-SCHNECKE

KEIN ROTER TEPPICH OHNE MICH

Wo ich lebe: Ich lebe im Mittelmeer.
So sehe ich aus: Ich gehöre zu den Stachelschnecken und mein Gehäuse gleicht einem zum Stachel gedrehten Schneckenhaus.
Und so groß bin ich: Ich kann winzig und auch einige Zentimeter groß sein.

Wenn wir im Mittelmeer dahintreiben, leben wir räuberisch und ernähren uns von Muscheln, Schnecken und Aas. Über eine Drüse sondern wir ein Sekret ab, mit dem wir Schnecken lähmen und Muscheln spalten können. Das hilfreiche Sekret hat uns leider tausendfachen Tod beschert, denn in Verbindung mit Sauerstoff und noch ein paar Zutaten mehr kann man daraus roten Farbstoff gewinnen, den Purpur.
Diese Herstellung war aufwendig und es brauchte zehntausende Schnecken, um nur ein Kilo Wolle zu färben. Heute noch findet man an den Küsten Libanons und Nordafrikas große Haufen Schneckengehäuse, die aus der Purpurproduktion von vor 2 000 Jahren stammen. Die römischen Adeligen trugen Purpurstreifen auf ihren Tuniken. Auch später konnten sich nur Könige und Päpste dieses Rot leisten. Wer einen roten Teppich hatte, der hatte die Macht. Die wenigen Städte wie Konstantinopel, das heutige Istanbul, die mit Purpurschnecken handelten, wurden damit sehr reich. So war das bis zum Jahr 1453. Dann brach das byzantinische Weltreich mit seinem Handelsmittelpunkt zusammen. Der Handel mit wertvollem Purpur versiegte. Und die Menschen fanden andere Möglichkeiten, um Materialien rot zu färben. Seither leben wir wieder in Ruhe unser Schneckenleben.

QUALLE

ICH BESTEHE FAST NUR AUS WASSER

Wo ich lebe: Ich lebe auf der ganzen Welt, weil ich sehr anpassungsfähig bin.
So sehe ich aus: Durchsichtig bin ich und habe lange Fangarme mit Nesseln. Deshalb werde ich zu den Nesseltieren gezählt.
Und so groß bin ich: Da wir über 2500 Arten sind, können wir ganz unterschiedlich groß sein, zwischen wenigen Millimetern und vielen Metern.

Wir Quallen werden auch „Medusen" genannt, nach dem griechischen Fabelwesen mit dem Schlangenhaar. Wir gehören mit 670 Millionen Jahren Stammesgeschichte zu den ältesten Lebewesen überhaupt. Vielleicht hat uns unser wirklich einfacher Körperbau beim Überlebenskampf geholfen? Wir bestehen nämlich nur aus zwei dünnen Zellschichten, zwischen denen sich eine gallertartige Masse befindet. Darin speichern wir Sauerstoff. Ein Magenhohlraum befindet sich auch noch darin.
Unsere Beute fangen wir mit unseren Fangarmen, den Tentakeln, die mit Nesselzellen besetzt sind. Bei Berührung spritzt daraus ein Gift hervor, das lähmt unsere Beute und wir können sie mit unseren Mundarmen in den Magensack befördern. Wie gut, wenn man jede Menge Tentakel hat, die unterschiedliche Aufgaben bewältigen.
Die meisten von uns leben im Salzwasser. Aber dennoch hat es eine einzige Süßwasserqualle auch nach Europa geschafft, allerdings als blinder Passagier. Sie ist im 19. Jahrhundert angeklebt an eine Seerose von China nach England gereist und hat sich dort im Botanischen Garten des Regent's Park angesiedelt. Wir Quallen sitzen nämlich in unserem Frühstadium als Polyp fest am Gewässerboden oder eben an Seerosen. Ab einer Wassertemperatur von 25 Grad werden wir zu freischwimmenden Medusen. Aber keine Angst, wir sind völlig harmlos, du siehst uns mit unseren zwei Millimetern Größe kaum, aber in einem sind wir herausragend: Wir haben den höchsten Wassergehalt aller Tiere, unglaubliche 99,3 Prozent!

QUASTENFLOSSER

ICH BIN WIEDERAUFERSTANDEN

Wo ich lebe: Man vermutet mich in Südafrika und Indonesien, in den Tiefen der Ozeane.
So sehe ich aus: Mein steingraues Aussehen, mein dreigeteilter Schwanz mit der Mittelquaste und meine dicken Flossen machen mich zu einem wirklich seltsam aussehenden Fisch.
Und so groß bin ich: Ich kann eineinhalb Meter lang werden und 50 Kilogramm wiegen.

Eigentlich sollte es uns gar nicht mehr geben. Bis 1938 dachte die Wissenschaft, dass wir Quastenflosser mal vor 70 Millionen Jahren gelebt haben, denn es gibt Versteinerungen meiner Vorfahren. Wir galten als ausgestorben. Aber dann entdeckte die damalige Leiterin des Meeresmuseums im südafrikanischen East London am Hafen einen Fisch, der exakt so aussah wie die Versteinerung. Klar, dass unsere Art dann nach der Finderin benannt wurde.
Erst 60 Jahre später tauchte ein zweiter unserer Art auf. Es war wieder ein Riesenzufall, denn ausgerechnet ein Meeresbiologe hat ihn auf seiner Hochzeitsreise auf einem indonesischen Markt gefunden. Seitdem gelten wir als die größte zoologische (Wieder-)Entdeckung des 20. Jahrhunderts. Wenn Tiere wieder auftauchen, die eigentlich als ausgestorben gelten, nennt man das „Lazarus-Effekt". Benannt nach dem Lazarus aus der Bibel, der nach vier Tagen von Jesus wieder zum Leben erweckt wurde.
Natürlich gehören wir auch zur Gruppe der lebenden Fossilien, denn unser Körperbau hat sich quasi seit 70 Millionen Jahren nicht verändert. Unsere Flossen sind so kräftig geformt wie Arme und Beine und wir bewegen uns im Wasser wie Amphibien an Land. Wer uns findet, könnte fast glauben, einem leibhaftigen Dinosaurier zu begegnen.

RABE

ICH BIN VIEL BESSER ALS MEIN RUF

Wo ich lebe: Ich bin auf der ganzen Welt zuhause.
So sehe ich aus: Schwarzes Gefieder, starker Schnabel und ein nicht zu überhörendes Krähen, das mir auch den Namen gibt.
Und so groß bin ich: Wir Rabenvögel sind unterschiedlich groß, die kleinen unter uns heißen Krähen. Wir sind rund 20 Zentimeter groß, der Größte ist der Kolkrabe mit fast 70 Zentimetern.

Wir haben einen wirklich miesen Ruf: Wenn etwas Schlimmes passiert, ist es ein „rabenschwarzer Tag". Wenn Eltern nicht lieb zu ihren Kindern sind, werden sie „Rabeneltern" genannt. Und wenn man uns nicht bei unserem zoologischen Namen nennen will, sagt man „Galgenvögel" zu uns. Das ist nicht schön, zumal wir wirklich ein Leben lang treue Vogeleltern sind und uns besonders liebevoll um unseren Nachwuchs kümmern. Außerdem mögen wir Gesellschaft und sind außergewöhnlich intelligent, fast so wie Menschenaffen. Wir benutzen Werkzeuge und können auch komplizierte Aufgaben lösen.
Das wusste schon der Fabelerzähler Aesop, der im 6. Jahrhundert vor Christus gelebt hat. Er berichtete von Rabenvögeln, die Steine in einen Krug Wasser fallen ließen, um den Wasserstand steigen zu lassen, damit sie trinken konnten. Das Experiment wurde 2600 Jahre später wiederholt und es hat wieder geklappt. Wir werfen auch Nüsse auf die Straße, um sie von Autos überrollen zu lassen. Danach holen wir uns die Nussbrösel. Gut, wir sind nicht wählerisch bei der Nahrung und fressen auch Aas und Leichen. Das hat uns im Mittelalter den Ruf eingebracht, im Pakt mit Hexen und dem Teufel zu stehen. Und diese Fake-News werden wir jetzt nicht wieder los, dabei sind wir wirklich keine Unglücksboten!

RENTIER

MEINE NASE IST NICHT ROT

Wo ich lebe: Ich lebe am Rande des Nordpolarkreises.
So sehe ich aus: Bei uns tragen Männchen und Weibchen ein Geweih.
Und so groß bin ich: Ich bin zwischen 120 und 200 Zentimeter lang, habe eine Schulterhöhe von 90 bis 140 Zentimetern und wiege zwischen 60 und 300 Kilogramm.

Wir Rentiere sind die einzige Hirschart, die gezähmt wurde. Unsere Herden ziehen als Weidetiere viele tausend Kilometer im Jahr durch die unwirtliche Landschaft rund um den Polarkreis. Für die Menschen dort sind wir Nahrung, Woll- und Felllieferant und Wärmequelle. Wir kommen mit karger Nahrung wie Rinden, Flechten und Moose aus. Und unsere gut gepolsterten und weit spreizbaren Zehen sind ein echter Vorteil auf Eis und Schnee, mit ihnen sinken wir nicht ein.
Aber was uns wirklich überlebensfähig macht, ist unser gut isolierter Körper. Unsere Haare sind Hohlkörper, die mit Luft gefüllt sind und sich erwärmen. Unsere gut durchbluteten Nasen sind mit Fell bedeckt und zusätzlich mit einer Art Thermostat versehen. Die eingeatmete Luft wird in unserer Nasenmuschel auf Körpertemperatur gebracht. Das können schon mal über 70 Grad Unterschied sein, wenn es draußen minus 40 Grad und in uns plus 36 Grad hat. Die ausgeatmete Luft hingegen kühlen wir ab, die kostbare Wärme soll ja nicht verloren gehen.
In den Wintermonaten geht in unserer Gegend für viele Wochen die Sonne nicht auf, dann schlafen wir einfach, wann es passt. Wenn unsere Rentierkühe im Frühling Junge bekommen, können die schon nach 90 Minuten laufen. Schließlich macht die Herde auf ihrer Wanderung nicht Halt, nur weil ein Baby kommt. Warum man aber zu Weihnachten *Rudolph, the Red-Nosed Reindeer* singt, das wissen wir nicht. Unsere Nasen sind grau, weiß oder schwarz.

SAIGA

ICH KÜMMERE MICH UM DIE VIELFALT DER ARTEN

Wo ich lebe: Ich lebe in den Steppen Russlands, Kasachstans und der Mongolei.
So sehe ich aus: Wirklich beeindruckend ist meine rüsselartige Schnauze, die ein wenig aussieht wie ein übergestülpter Strumpf.
Und so groß bin ich: Vom Kopf bis zum Rumpf kann ich 100 bis 140 Zentimeter lang werden und bis zu 50 Kilogramm wiegen.

Wir Saigas gehören zu den Antilopen und sind wie gemacht für weite, staubige Steppen. Unsere Rüsselschnauze ist auch innen voller feinster Härchen, die Sandkörner abhalten. Ein Kühl- und Wärmsystem schafft es, die eingeatmete Luft auf Körpertemperatur zu regeln, denn im Sommer hat es bei uns oft plus 30 und im Winter minus 30 Grad Celsius. Dieser große Unterschied wäre sonst eine ziemliche Belastung.
Da wir uns ausschließlich von Gräsern ernähren, halten wir den Steppenboden kurz, das ist ideal für andere Tiere, die so besser brüten oder besser jagen können.
Außerdem enthält unser Kot Pflanzensamen, und wir tragen so zur Verbreitung seltener Arten bei. Wir sind für den Lebensraum Steppe von größter Wichtigkeit. Gäbe es uns nicht, würden viele Tiere und Pflanzen aussterben.
Leider sind wir in der Vergangenheit sehr bejagt worden, weil unser Horn in der Chinesischen Medizin als wertvoll gilt, obwohl es ja nichts anderes ist als Horn, also so etwas wie Fingernägel. Die zunehmende Besiedelung unseres Gebiets ist ein Problem, und dann kam 2015 auch noch eine böse Krankheit über uns. Ein Wetterphänomen hat ein bestimmtes Bakterium so anwachsen lassen, dass viele von uns innerhalb von wenigen Tagen gestorben sind. Von diesem Verlust müssen wir und unser Lebensraum uns erst wieder erholen.

SCHREIPIHA

LAUT WIE EIN SCHLAGBOHRER

Wo ich lebe: Ich bin das Markenzeichen jedes südamerikanischen Regenwaldes, denn mein gellender Schrei wird in jeder Dschungeldokumentation als Hintergrundgeräusch eingeblendet.
So sehe ich aus: Obwohl ich zu den Schmuckvögeln gehöre, bin ich ziemlich schmucklos braungrau.
Und so groß bin ich: Ich bin ungefähr so groß wie eine Amsel.

Viele Jahre lang galten wir Schreipihas als die lautesten Vögel überhaupt. Eine Besonderheit in unserem Stimmorgan macht es möglich. Unser „Wie-hau" dröhnt so laut wie ein Schlagbohrer und ist viele Kilometer weit zu hören. Damit markieren wir nicht nur unser Revier, sondern locken auch Weibchen an. Die mögen anscheinend solche Schreihälse besonders gerne. Und wenn es nicht funktionieren würde, dann würden wir es auch nicht machen. Langanhaltendes Schreien bedeutet Energieaufwand und in der Natur muss man mit seinen Kräften haushalten.
Von dem Stockerlplatz als bester Schreier hat uns allerdings der Einlappenkotinga verjagt. Er hat einen Ruf wie Donnerhall, oder besser gesagt wie Düsenjäger, und dehnt mit dieser Lautstärke den Radius aus, in dem er Weibchen anlocken kann. Andere Tiere, die auch noch ziemlich laut sind im Dschungel, sind die Brüllaffen. Sagt ja schon der Name. Deren besonders geformter Kehlkopf macht Schreie möglich, die noch in 15 Kilometern Entfernung zu hören sind und das Revier sichern. Ganz schöner Radau im Dschungel. In der Natur geht es aber gar nicht um Rekorde, sondern immer nur um den besten Weg, sich zu vermehren und der eigenen Art das Überleben zu sichern.

SCHWAN

ICH BIN DAS MASKOTTCHEN DER VERLIEBTEN

Wo ich lebe: Ich bin fast überall auf der Welt zuhause.
So sehe ich aus: An meinem weißen Gefieder und dem orangefarbigen Schnabel, der einen Höcker trägt, bin ich zu erkennen.
Und so groß bin ich: 14 Kilogramm kann ich wiegen, und ich habe eine Flügelspannweite von bis zu 2,4 Metern.

Wir gelten als Sinnbild für die Liebe. Zum einen, weil wir als Paar ein Leben lang zusammenbleiben, aber auch, weil wir unsere Hälse so zueinander bewegen können, dass sie eine Herzform bilden. Vielleicht liegt es auch an unserem weißen Federkleid, das wie ein Hochzeitsgewand aussieht? Wir sind wirklich prächtige und mächtige Vögel und halten uns bevorzugt schwimmend auf Gewässern auf.
Ab und zu müssen auch wir fliegen. Dann wuchten wir uns mit großen Flügelbewegungen und mit Hilfe unserer imposanten Flossenfüße aus dem Wasser hoch und laufen ein Stück auf der Wasseroberfläche. Währenddessen beschleunigen unsere Flügel ihre Bewegungen. Bei einer Geschwindigkeit von 25 Stundenkilometern strömt so viel Luft über unsere Flügel, dass genügend Auftrieb entsteht, um uns in die Lüfte zu erheben. Beim Landen machen wir es wie die Wasserskifahrer und landen mit den Füßen voran, gleiten auf ihnen noch eine Weile und bremsen mit ausgebreiteten Flügeln ab. Das ist alles ganz schön anstrengend, deshalb fliegen wir nie weit.
Früher dachte man, es gäbe keine schwarzen Schwäne. Gibt es aber doch: unsere Verwandten in Australien! Die haben es sogar zum Wappentier gebracht. Und im Vereinigten Königreich (England, Wales, Schottland und Nordirland) stehen Schwäne unter dem Schutz der Krone und jedes Jahr zählt der „Swan-Keeper", der Schwanenwärter, alle Exemplare. Das wird von den Medien feierlich begleitet.

SEIDENSCHWANZ

ICH ZIEHE DER VOGELBEERE HINTERHER

Wo ich lebe: In der Taiga und in nördlichen Wäldern ist mein Zuhause.
So sehe ich aus: Meine spitz nach hinten verlaufenden Kopffedern erinnern an eine Haube. An den Flügelenden trage ich gelbe und rote Punkte. Mein Gefieder ist so seidig dicht, dass es mir meinen Namen einbrachte.
Und so groß bin ich: Ich bin so groß wie ein Star.

Wir Seidenschwänze sind sehr gesellig und leben in großen Gruppen zusammen. Wenn wir ein gutes Futterjahr hatten, gibt es im darauffolgenden Jahr auch ordentlich Nachwuchs. Problematisch wird es, wenn wir dann sehr viele sind und das Nahrungsangebot knapp wird, sprich, unsere Lieblingsspeisen Vogelbeeren, Schlehen, Holunder und andere Buschbeeren nicht ausreichend vorhanden sind. Dann bleibt uns nichts anderes übrig, als weiterzuziehen.
So kommt es immer wieder zu sogenannten Zugbewegungen, und wir treten plötzlich an anderen Orten in solchen Massen auf, dass sich die Menschen wundern. Und nicht nur das, sie fürchten sich sogar. Denn jahrelang haben sie uns nicht zu Gesicht bekommen und nun erscheint ein riesiger Schwarm. Das haben die Menschen schon immer als schlechtes Vorzeichen gesehen und uns deshalb „Pestvögel" genannt. Wir bringen aber wirklich kein Unheil! Wir sind nur von einem Ort weggeflogen, an dem sich die Lebensbedingungen für uns Seidenschwänze verschlechtert haben, und suchen eine neue Heimat.

SEKRETÄR

ICH SCHREITE VORNEHM ÜBER DEN BODEN

Wo ich lebe: In den Savannenlandschaften südlich der Sahara.
So sehe ich aus: Mein Kopf erinnert an einen Adler und mein Körper, samt der langen Beine, an einen Kranich. Man nannte uns auch schon Kranichgeier.
Und so groß bin ich: Ich habe eine Körperhöhe von 1,2 Metern.

Wir Sekretäre gehören zu den Greifvögeln, aber anders als unsere europäischen Artgenossen fliegen wir kaum, sondern schreiten auf unseren langen Beinen auf der Suche nach Futter durch die Savanne. Das tun wir meist gemeinsam mit unseren lebenslangen Partnern und legen so jeden Tag viele Kilometer zurück. Zum Schlafen nisten wir uns auf Schirmakazien ein, dort haben wir den besseren Überblick, ob Gefahr droht.
Wegen unseres Aussehens haben uns die Kolonialherrscher im 18. Jahrhundert „Sekretäre" genannt, denn damals hatten die Bürodiener, also Sekretäre, einen Gehrock und schwarze Hosen an – ganz ähnlich zu unserem Gefieder und unseren schwarzen Beinen. Noch dazu sieht unser Kopfschmuck so aus, als hätten wir uns einen Gänsekiel hinters Ohr gesteckt, die man früher auch zum Schreiben verwendete.
Aber wenn es um das Futter geht, sind wir gar nicht mehr vornehm. Wir erschlagen unsere Opfer. Dazu brauchen wir nur einen gezielten Schlag mit unseren Füßen, an denen sich messerscharfe Krallen befinden. Das dauert keinen Wimpernschlag lang und schon haben wir sogar Giftschlangen eins übergebraten. Diese schnelle Schlagtechnik schützt uns vor Schlangenbissen. Wir sind damit ziemlich erfolgreich! So sehr, dass uns so manches afrikanische Land in seine Flagge aufgenommen hat.

SILBER-FISCHCHEN

ICH HABE BÜCHER ZUM FRESSEN GERN

Wo ich lebe: Meine Welt sind feuchte warme Räume.
So sehe ich aus: Ich habe zwei Fühler und drei Schwänze, und dazwischen sehe ich aus wie ein schuppiges Fischchen.
Und so groß bin ich: Ich bin nur wenige Millimeter groß.

Wir sind Insekten, die Papier lieben, aber, nein, lesen können wir natürlich nicht, obwohl wir das in den 300 Millionen Jahren, die wir nun schon auf der Erde zu finden sind, einmal gelernt haben könnten. Aber uns schmecken einfach Stärke und Zucker, egal, ob sie aus Kuchenbröseln bestehen, von Papier oder von Schimmelsporen stammen. Um beides zu verdauen, brauchen wir noch nicht mal besondere Bakterien, wir haben Enzyme in unserem Körper, die das ganz nebenbei erledigen. Wir sind an sich völlig harmlos und kommen in Badezimmern und Küchen vor, wenn da keine grellen Lampen wären. Licht mögen wir gar nicht.
Wir sind sogar ganz nützlich, weil wir Hausstaubmilben fressen. Kommen wir gehäuft vor, ist das ein Anzeichen für Schimmelbefall. Wir warnen also die Menschen. Nur unsere Liebe zu Papierleim hat uns ein wenig Kritik eingebracht. Wenn Bücher an einem feuchten Ort falsch gelagert werden, ernähren wir uns von ihnen und knabbern rund um die Druckerschwärze herum alles weg. Aber eigentlich sind wir ganz genügsam und können bis zu zehn Monate lang ohne Nahrung auskommen.

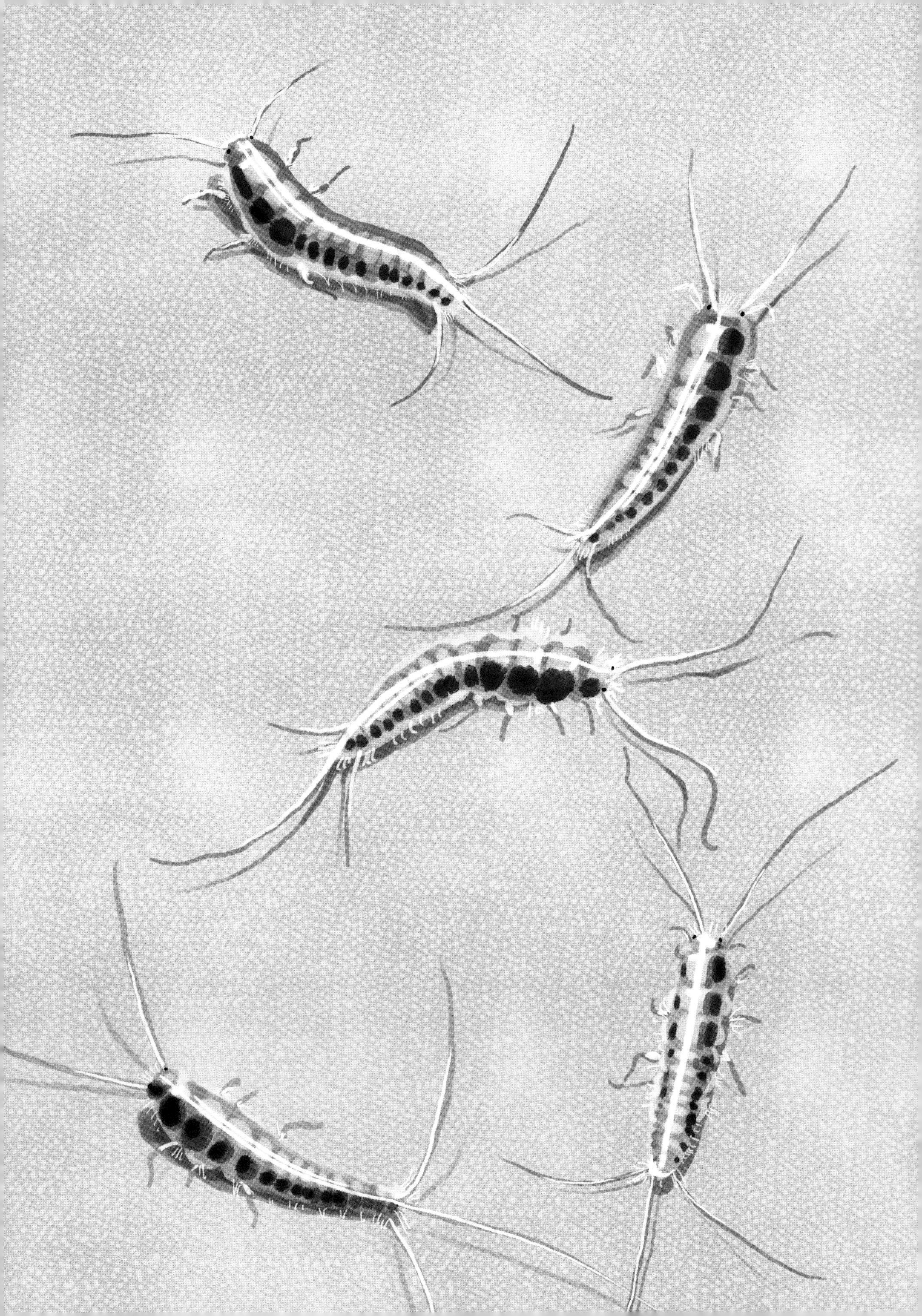

SPATZ

GEMEINSAM SIND WIR SUPERSCHLAU

Wo ich lebe: Ich lebe überall.
So sehe ich aus: Ich sehe fast auf der ganzen Welt gleich aus, bin grau-braun-weiß gefiedert und habe ein hellbraunes Köpfchen.
Und so groß bin ich: Ich bin nur faustgroß, habe es aber faustdick hinter den Ohren, äh, im Gehirn.

Wir Spatzen sind echte Wandervögel, und wir lieben die Gruppenreise. Vor etwas mehr als 10 000 Jahren sind wir aus dem asiatischen Raum nach Europa gekommen. Von dort haben wir die ganze Welt besiedelt. Denn uns war schnell klar, dass es sich in der Nähe der Menschen gut leben lässt. Wo sie sind, gibt es Futter, und die Nischen in den Häusern bieten hervorragende Nistplätze. Als die Menschen andere Kontinente besiedelten, wie Amerika und Australien, sind wir auf ihren Schiffen einfach mitgekommen. Innerhalb der Länder sind wir mit der Eisenbahn gefahren. Die großen Getreidetransporte von einer Küste zur anderen waren ideale Reiseplätze für uns. Mit der Transsibirischen Eisenbahn haben wir es sogar bis nach China geschafft. Das hat vielen von uns den Tod gebracht, denn man betrachtete uns dort als Schädlinge. Heute weiß man, dass wir Nützlinge sind, weil wir Insekten fressen und Plagen verhindern. Dennoch wird uns das Leben schwerer gemacht. Moderne Häuser haben kaum mehr Nischen und Vorsprünge. Da wir aber wirklich putzige Gesellen sind und niemandem etwas zu leide tun, bauen uns die Menschen Nistkästen. Schnell spricht sich unter uns Spatzen herum, wo es gutes Futter und Wohnraum gibt. Wir haben vielleicht ein kleines Gehirn, aber es ist durch unsere abwechslungsreiche Stammesgeschichte richtig gut ausgebaut. Wir Spatzen sind schlau, so schlau, dass wir alles in der Gruppe machen, weil wir so schneller Gefahr erkennen. Die Menschen nennen unser kluges Handeln „Schwarmintelligenz". Da könnten sie jetzt aber auch aufhören, vom „Spatzenhirn" zu reden, wenn sie sich selbst mal wieder blöd anstellen.

SPECHT

MEIN KOPF IST MEIN STOSSDÄMPFER

Wo ich lebe: Mich hört man auf der ganzen Welt klopfen.
So sehe ich aus: Ich liebe es bunt, und man kann mich im Geäst der Bäume gut erkennen.
Und so groß bin ich: Mich gibt's in 200 Arten, und ich bin manchmal so groß wie eine Amsel – und dann wieder wie eine Krähe.

Wir Spechte sind fleißig und unser Klopftremolo ist in allen Wäldern zu hören. Wir brauchen Bäume zum Leben. Mit unserem Klopfen an den Stämmen suchen wir Nahrung unter den Rinden und bauen Brutplätze. Zwanzigmal pro Sekunde saust unser Schnabel mit 25 Stundenkilometern auf den Baumstamm ein. Das machen wir rund 12 000-mal am Tag. Würde das ein Mensch machen, er würde es nicht überleben oder zumindest eine schlimme Gehirnerschütterung bekommen.
Aber unser Kopf ist mit mehreren Sicherheitssystemen ausgestattet. Unser Hirn füllt den ganzen Schädel aus, es hat gar keinen Platz irgendwo anzustoßen. Es liegt etwas oberhalb des Schnabels, so wird es nicht von der Wucht des Schlags getroffen. Unser Schnabel geht über ins Zungenbein, das sich gabelt und unseren Kopf wie ein Überrollbügel schützt. Kurz bevor wir zum Schlag ansetzen, verschließt eine dicke Nickhaut unsere Augen. Zum einen, um keine Holzsplitter abzukriegen, zum anderen, damit uns der Bumms nicht die Augen aus dem Schädel treibt. All diese Stoßdämpfer schützen uns vor Schädelweh.
Dass wir in unserem Fleiß und auf der Suche nach Nahrung auch Wärmedämmungen an Häusern aufhacken, ist nun wirklich nicht unsere Schuld. Die Menschen hätten die Häuser ja gleich richtig bauen können. Machen wir Spechte schließlich mit unsren Spechthöhlen auch. Die halten viele Generationen lang.

STAR

WIR FORMEN KUNSTWERKE AM HIMMEL

Wo ich lebe: Ich ziehe über die ganze Welt.
So sehe ich aus: Mein Federkleid ist schwarz gefiedert mit kleinen hellen Sprenkeln.
Und so groß bin ich: Ich bin etwas kleiner als eine Amsel und zwischen 19 und 22 Zentimetern groß.

Uns Stare gibt es im Schwarm. Nur zur Paarung trennen wir uns kurz von der Gruppe. Man erkennt uns am besten, wenn wir als schwarze Wolke am Himmel auftauchen. Dann sind Tausende von uns unterwegs zu den Winterquartieren. Diese Wolke macht oft schnelle Wendungen und ändert die Richtung – und alle Vögel folgen. Es sieht fast so aus, als ob der Schwarm ein einziger Körper wäre. Wie das geht? Jeder von uns achtet gleichzeitig auf seine Nachbarn und auf einige weit entfernte Vögel. Sobald wir einen Richtungswechsel bemerken, bereiten wir uns schon vor und folgen der Bewegung wie die Zuschauer im Fußballstadion, die eine La-Ola-Welle über die Tribünen rollen lassen.
Unsere schönen Naturschauspiele kannst du besonders im Herbst und im Frühling beobachten, während unserer Hauptreisezeit. Das Leben im Schwarm gibt uns Sicherheit, weil es für Greifvögel so wesentlich schwieriger ist, einen einzelnen Star zu fixieren. Aber natürlich fallen wir so auch auf. Zum Beispiel in Rom, wo jedes Jahr eine Million von uns überwintert. Wer sein Auto unter unseren Schlafbäumen abstellt, der wird überrascht sein, welche Farbe es dann bekommt, denn ein Schwarm hinterlässt eine ganze Menge Ausscheidungen. Lauter weiße Wolken!

STEINBOCK

ICH BIN WIEDER HEIMISCH GEWORDEN

Wo ich lebe: Ich lebe in den Bergen der Alpen.
So sehe ich aus: Man erkennt mich an meinen mächtigen gebogenen Hörnern.
Und so groß bin ich: Ich gehöre zur Familie der Ziegen. Bis zu 100 Kilogramm wiegt ein ausgewachsener Steinbock-Bock.

Es ist ein kleines Wunder, dass es uns Alpensteinböcke überhaupt noch gibt. Vor 200 Jahren lebten nur mehr 50 von uns in einem kleinen oberitalienischen Tal. Die Herrschenden und viele Wilderer haben damals einfach viel zu gerne Jagd auf uns gemacht, denn alles an uns war wertvoll: das Fleisch als Nahrung, das Fell zum Wärmen. Unseren Knochen und Hörnern sagte man Heilkraft nach, und sogar unser Kot sollte gesund sein. Gemahlenes Steinbockhorn galt als Wundermittel und wurde für viel Geld in Apotheken verkauft.
Es war aber ausgerechnet ein anderer Herrscher, der die ersten Schritte zu unserer Rettung unternahm. Italiens König Viktor Emanuel II. ließ in seinem Jagdrevier rund um den Gran Paradiso eine kleine Steinbockgruppe durch Wildhüter schützen. Wir Steinböcke erholten uns! Als andere Nachbarländer anfragten, ob sie vielleicht ein paar Steinböcke haben könnten, um sie in ihrem Teil der Alpen wieder anzusiedeln, gab sich der König bockig wie seine Tiere. Vor 100 Jahren gelang es, ein junges Steinbock-Pärchen in die Schweiz zu schmuggeln, um sie dort zu züchten.
Heute ist der Steinbock im ganzen Alpenraum nicht mehr gefährdet. Alle 40 000 Tiere stammen von den königlichen, italienischen Steinbock-Vorfahren ab. Und mit dem Steinbock-Wunderglauben ist zum Glück jetzt auch Schluss.

STEINFISCH

ACHTUNG, ICH BIN SEHR GEFÄHRLICH!

Wo ich lebe: Ich lebe im Roten Meer und im Indopazifik.
So sehe ich aus: Ich kann viele Formen haben. Meine Haut ist von Warzen überzogen und 13 Stachel befinden sich auf meinem Rücken. Meist liege ich flach am Boden.
Und so groß bin ich: Ich bin ungefähr so groß wie eine Scholle.

Unsere Haut ist ohne Schuppen, aber dafür von Warzen und oft auch Algen überzogen. Um unsere Fähigkeit, uns zu verwandeln, nicht zu verlieren, häuten wir uns alle paar Monate. Wir sind Meister der Tarnung, verschmelzen mit unserer Umgebung und sehen dann aus wie ein Stein oder wie eine Koralle. So können wir sehr lange in Felsnischen auf der Lauer liegen, bis etwas Fressbares vorbeikommt.
Uns entdeckt man nicht so schnell. Droht doch Gefahr, haben wir, gut getarnt, ein paar sehr gefährliche Waffen in unserem Warzenmantel versteckt. Auf unserem Rücken stehen Stacheln, in einigen ist Gift, das uns zu einem der gefährlichsten Fische überhaupt macht. Es ist äußerst schmerzhaft, verbreitet sich rasend schnell im Körper und lähmt das Opfer. Auch Menschen sterben durch uns. Ist die Gefahr immer noch nicht vorbei, zücken wir einen kleinen Säbel. Das ist ein scharfer Knochen unterhalb unseres Augenlids, den wir mit Bewegungen unseres Kiefers steuern können. Wegen seiner Lage nah am Tränenkanal wird er Tränensäbel genannt. Wir sind also so etwas wie eine lauernde Waffenkammer.

STEINKAUZ

MICH SIEHST DU AUCH AUF EINER MÜNZE

Wo ich lebe: Ich bin in ganz Europa zuhause.
So sehe ich aus: Ich habe ein typisches Eulengesicht, eine niedrige Stirn und zitronengelbe Augen. Mein Gefieder ist grau-braun-weiß gefleckt. Am Hals zeigt sich ein rotbräunliches Band.
Und so groß bin ich: Ich bin bis zu 28 Zentimeter groß und meine Flügelspannweite beträgt 58 Zentimeter. Ich wiege um die 200 Gramm.

Wir mögen ein Gelände mit vielen Brutplätzen, Verstecken und Jagdposten. Wenn wir einmal einen Wohnort gefunden haben, verlassen wir ihn nicht mehr. Das nennt man standorttreu. Das ist im Winter manchmal ein Problem. Wenn viel Schnee liegt, sehen wir unsere Beute, Mäuse und andere kleine Nager, nicht mehr. Und noch etwas schadet unserem Bestand: Es gibt immer weniger Altholz oder alte Gebäude, in denen wir nisten können. Die Zivilisation rückt uns auf den Pelz, pardon, aufs Gefieder.
Früher hat man uns gefürchtet. Das lag daran, dass die Häuser viel schlechter beleuchtet waren als heute. Nur in den Zimmern mit sehr kranken Menschen oder Sterbenden ließ man eine Kerze brennen. Vor diesen wenigen erleuchteten Fenstern sammelten sich die Insekten, die wir gerne fressen. Und so flogen wir häufig mit unserem auffälligen Schrei „ku-witt" um die Häuser der Sterbenden. Leider verstanden die Menschen „Komm mit" und fürchteten sich vor uns.
Im antiken Griechenland vor 2400 Jahren hingegen wurden wir als Sinnbild der Weisheit und der Göttin Athene verehrt. So sehr, dass man Münzen mit unserem Abbild prägen ließ und sie als „Eulen" bezeichnete. Auch heute findet man auf den griechischen Ein-Euro-Münzen eine Eulen-Prägung. Eine alte Tradition, die vielleicht die Menschen anregt, über uns und unseren Lebensraum nachzudenken.

STRAUSS

ICH RENNE UM MEIN LEBEN

Wo ich lebe: Ich lebe in Afrika, meine Verwandten in Australien heißen Emus.
So sehe ich aus: Man erkennt mich an meinem langen Hals und dem mächtigen Körper auf zwei sehr langen Beinen.
Und so groß bin ich: Ich bin der größte Vogel der Welt, erreiche 2,70 Meter und wiege bis zu 150 Kilogramm.

Es gibt das Sprichwort „den Kopf in den Sand stecken wie der Vogel Strauß". Man benutzt es, wenn Gefahr droht und man sich retten will. Würden wir Strauße das wirklich tun, wären wir aber längst ausgestorben. Wahrscheinlich stammt das Gerücht aus der Zeit Plinius des Älteren (23–79 n. Chr.), der damals das überlieferte Wissen über die Natur aus dem Griechischen übersetzte. Alle anderen haben dann einfach abgeschrieben. So ist das, wenn man Quellen nicht prüft!
In Wahrheit rennen wir bei Gefahr bis zu 70 Stundenkilometer schnell, bremsen dann in Sekunden ab und lassen uns in flache Sandgruben fallen. Unseren langen Hals legen wir flach so auf dem Boden ab, dass uns niemand sehen kann und es scheint, als wären wir vom Erdboden verschluckt. Um so schnell laufen zu können, haben wir nur mehr zwei Zehen, eine davon ist zehn Zentimeter lang und scharf wie ein Messer. Die setzen wir ein, wenn uns jemand zu nahe kommt. Unsere Flügel helfen uns, das Gleichgewicht zu halten. Zum Fliegen sind wir jedoch viel zu schwer, auch fehlt uns die nötige Brustmuskulatur. Wir sind also wirklich keine Drückeberger, sondern ziemlich erfolgreiche Marathonläufer und Versteckspezialisten.

STUBENFLIEGE

MICH KANN MAN NICHT SO LEICHT FANGEN

Wo ich lebe: Ich bin wirklich überall zuhause.
So sehe ich aus: Gut zu sehen sind meine kugelrunden Facettenaugen, sechs Beine und ein zartes Flügelpaar.
Und so groß bin ich: Ich bin zwischen fünf und neun Millimetern groß.

Man könnte meinen, dass wir als Stubenfliegen so erfolgreich sind wegen unserer Augen, die einen 360-Grad-Rundum-Blick haben. Unsere Augen sind aus lauter kleinen Facettenlinsen zusammengesetzt und ermöglichen uns, dass wir pro Sekunde mehr als 100 Einzelbilder erkennen können. Deshalb sehen wir auch Fliegenklatschen und zuschlagende Hände weit im Voraus, egal, aus welcher Richtung sie kommen. Das ist der Grund, warum wir so schwer zu fangen sind.
Aber ohne unsere Füße geht gar nichts. Zum einen können wir auch kopfüber an der Zimmerdecke spazieren. Das liegt an einem Sekret, das unsere Füße absondern und das wie ein leichter Klebstoff funktioniert. Zum anderen schmecken wir mit den Füßen. Also spazieren wir erst einmal kreuz und quer über das, was wir gerne fressen möchten, wie Aas, Tierkot, Speisereste oder Lebensmittel. Um kein Durcheinander in die Geschmacksrichtungen zu bekommen, reinigen wir unsere drei Beinpaare immer sorgfältig, indem wir sie aneinander reiben. Weil wir keine feste Nahrung zu uns nehmen, verdauen wir unser Futter außerhalb des Körpers mit unserem Speichel vor, der alles verflüssigt. Mit unserem persönlichen Strohhalm, einem Saugrüssel, schlürfen wir den Brei.
Eine unserer Verwandten, die Schmeißfliege, riecht schon sehr früh, wenn irgendwo etwas verwest. Bereits Minuten nach dem Tod legt sie Eier auf Verwesendes. Eine wichtige Hilfe für die Polizei, die so den Todeszeitpunkt von Leichen ermitteln kann: Dazu muss sie nur prüfen lassen, in welchem Stadium die aus den Eiern geschlüpften Maden sind. Denn diese Stadien sind genau festgelegt und erfolgen wie ein Uhrwerk.

SUMPFWALLABY

ICH BEKOMME BABYS AM LAUFENDEN BAND

Wo ich lebe: Ich lebe nur in Australien und dort nicht nur in Sümpfen, sondern auch im Buschland und in Baumsavannen.
So sehe ich aus: Ich habe ein zweifarbiges Fell, an Kopf, Bauch und Rücken ist es rötlich gefärbt.
Und so groß bin ich: Bei einer Schulterhöhe von bis zu 70 Zentimetern wiege ich rund 20 Kilogramm.

Die Weibchen unter uns Sumpfwallabys sind echte Hochleistungsmütter. Sie sind nämlich immer trächtig, also schwanger. Das liegt daran, dass sie zwei Gebärmütter in Bauch haben. Während in dem einen ein Embryo heranreift, schlummert in der anderen Gebärmutter ein befruchtetes zweites Ei, das sich zu einem kleinen Zellhaufen geteilt hat. In diesem Zustand bleibt es einige Monate. Wenn nach nur 30 bis 40 Tagen weiterer Entwicklung ein vollkommen unbehaartes Jungtier schlüpft, ist es nur wenige Millimeter groß und muss allein den Weg in den Bauchbeutel seiner Mama finden. Dort saugt es sich an der Milchzitze fest oder schläft, und zwar ein halbes Jahr lang.
Andere Säugetierbabys machen diese Entwicklung in der Gebärmutter. Beuteltiere wie das Wallaby, aber auch Kängurus oder Koalabären, lassen ihre Jungen im Beutel heranreifen. Doch nur die Wallabys haben die Besonderheit, dass während das eine Baby im Beutel ist, bereits ein zweites Baby wieder im Bauch wächst. Es entwickelt sich weiter, ungefähr einen Monat, bevor das Baby im Beutel den Beutel verlässt. Kurz vor der Geburt paart sich die Wallabymama erneut und schon schlummert in der zweiten Gebärmutter wieder ein befruchtetes Ei. Auf diese Weise sind Wallabys immer schwanger. Da aber das Baby im Bauchbeutel quasi keine Arbeit macht, weil es dort allerbestens versorgt ist, scheint das den Hochleistungsmüttern nichts auszumachen. Die müssen natürlich ständig auf Suche nach Pflanzennahrung gehen, denn der Nachwuchs ist immer hungrig.

TERMITEN

GESTATTEN, ICH BIN DIE KLIMATECHNIKERIN!

Wo ich lebe: Ich komme in Afrika, Asien und Australien vor.
So sehe ich aus: Ich sehe aus wie eine hellgelbe Ameise, gehöre aber zur Familie der Schaben.
Und so groß bin ich: Ich bin nur wenige Millimeter groß. Unsere Königin kann aber 14 Zentimeter lang werden.

Wir Termiten ernähren uns von Holz, Humus – das ist nährstoffreicher Boden – und Gras. Wir errichten unsere Bauten dort, wo wir Nahrung haben und immer exakt in Nord-Süd-Ausrichtung. Denn wir sind eine Staatenfamilie. Das bedeutet, dass wir alle miteinander verwandt sind. Wir haben eine gemeinsame Mutter und einen gemeinsamen Vater: die Königin und den König. Nur diese beiden haben Flügel! Außerdem leben sie in einem Extraraum in unserem Bau, der ganz besonders geschützt ist.
Rund um diesen Raum errichten wir, Tausende von Arbeitern und Arbeiterinnen, den Bau. Das sind oft mehrere Meter hohe Gebilde aus Erde, Lehm oder Sand, die so zur Sonne stehen, dass sie die Wärme der Morgensonne aufnehmen, der Mittagssonne nur eine Schmalseite bieten und in der Abendsonne Wärme für die sehr kalten Nächte speichern. Wir statten unsere Bauten auch mit ausgeklügelten Lüftungssystemen aus, die für eine optimale Temperatur von 30 Grad Celsius im Inneren der Burgen sorgen.
Jede von uns ist Spezialistin: Einige kümmern sich ums Bauen, manche um den Nachwuchs, wieder andere, die Soldaten, verteidigen unseren Bau gegen Ameisen. Unsere ganze Kolonie funktioniert nur wegen dieser Arbeitsteilung und deshalb vergleicht man uns mit einem Staatsystem. Allerdings ist es kein demokratisches System, keiner von uns kann beispielsweise seine Aufgaben selber aussuchen. Nicht einmal die geflügelte Königin, die pro Tag 30 000 Eier legen muss. Diese Eier füllen ihren Körper so aus, dass sie bewegungsunfähig ist. So verbringt sie bis zu 20 Jahre in absoluter Dunkelheit.

THERMOMETER-HUHN

ICH KANN TEMPERATUR MESSEN

Wo ich lebe: Mich gibt es in Australien.
So sehe ich aus: Ich gehöre zu den Großfußhühnern und trage ein graues Gefieder mit schwarz-weißem Muster an Rücken und Flügeln.
Und so groß bin ich: Ich bin so groß wie ein Huhn.

Als Thermometerhühner sind wir zwar Spezialisten, aber wir müssen auch ganz schön fleißig sein. Während fast alle Vögel ihre Eier mit der eigenen Körperwärme ausbrüten, bauen wir für unseren Nachwuchs, also die 30 Eier, die jede von uns legt, eine Art Brutkasten. Warum machen wir das? Weil es in der Gegend, in der wir leben, ziemliche Temperaturschwankungen gibt und weil wir, wenn wir normal brüten würden, diese Eier nie dauerhaft warmhalten könnten.
Unser Brutkasten, den wir in vier Monaten errichten, ist eine Art Komposthaufen. Wir scharren eine Grube von einem Meter Tiefe aus und füllen sie mit kleinen Zweigen und vielen Blättern. Wir schichten Laub auf und bedecken den Haufen mit Sand und Erde. Durch eingebaute Kanäle kann Wasser einfließen. Dann wird innen drin alles schön matschig, und wir verpacken den ganzen Haufen mit noch mehr Laub und Gehölz. Durch die Feuchtigkeit im Inneren beginnt das Laub in der Tiefe zu verrotten und dabei Wärme freizusetzen. Sind die 33 Grad Celsius erreicht, die unsere Eier brauchen, legen wir durch eine Öffnung 30 Eier ins Innerste.
Nun beginnt die wirkliche Feinarbeit, denn wir müssen ununterbrochen die Temperatur kontrollieren. Das schaffen wir mit unserem Schnabel, der mit einem Sensor ausgestattet ist. Schon ein halbes Grad Unterschied merken wir und steuern dagegen, entweder durch Lüften oder das Auflegen neuer Schichten. Wenn nach 60 Tagen unsere Küken schlüpfen, müssen sie ganz allein den Weg aus dem Haufen finden. Unsere Arbeit aber ist getan, wir lernen quasi unsere Kinder nie kennen. Wir ruhen nur kurz aus, um dann sofort wieder einen Bau zu errichten.

TRUTHAHN

ICH BIN EIN FESTESSEN

Wo ich lebe: Ich komme in Nordamerika vor.
So sehe ich aus: Die Männchen unter uns tragen ein prächtiges Gefieder und können mit den Schwanzfedern ein Rad wie ein Pfau schlagen.
Und so groß bin ich: Meine natürlichen Vorfahren wogen fünf Kilogramm. Masttiere bringen 21 Kilogramm auf die Waage.

Der vierte Donnerstag im November ist für uns Truthähne ein schwarzer Tag. Da wird in vielen US-amerikanischen Familien Thanksgiving, das ist das Erntedankfest, gefeiert. Was es bei dieser üppigen Feier zu essen gibt? Gebratenen Truthahn.
Alle 45 Millionen Puten, die jährlich verzehrt werden, stammen von uns, den heimischen Truthühnern ab, die wir einst in großer Zahl auf Lichtungen und im Unterholz in freier Wildbahn gelebt haben.
Doch wir wurden schon von den Ureinwohnern bejagt. Sie verwendeten unsere Federn als Schmuck und für Pfeile. Auch die Siedler mochten unser weißes zartes Brustfleisch. Fast wären wir ausgestorben. Ein Schutzprogramm hat unser Überleben gesichert.
Nur unsere Verwandten aus den Mastbetrieben werden nach 22 Wochen geschlachtet. Sie werden so gefüttert, dass besonders viel weißes Brustfleisch entsteht. Das hat mit unserem freien Leben in der Natur nichts zu tun.
Da wir echte Ureinwohner Nordamerikas sind, gab es sogar einmal die Überlegung, ob wir im Staatswappen der USA auftauchen sollen. Mehrere Jahre wurde darüber diskutiert, bis sich alle auf den Weißkopfseeadler geeinigt haben. Ja, wer mag schon seine Leibspeise auf jeder Fahne und jedem Wappen sehen? Sogar Benjamin Franklin, einer der Gründerväter und Mitunterzeichner der Unabhängigkeitserklärung der Vereinigten Staaten von Amerika, bedauerte: „In Wahrheit ist der Truthahn im Vergleich ein viel respektablerer Vogel und zudem ein echt einheimisches Tier Amerikas."
Wir armen Hühner sind gegen Greifvögel einfach machtlos.

TUKAN

MEIN SCHNABEL IST WIE EIN SEGELFLUGZEUG GEBAUT

Wo ich lebe: Ich komme in Mittel- und Südamerika vor.
So sehe ich aus: Man erkennt mich an meinem prächtigen, riesigen Schnabel, der bunt gefärbt ist. Mein Gefieder ist meist schwarz mit farbiger Brust und bunten Flügelmustern.
Und so groß bin ich: Ich kann bis zu 65 Zentimeter groß werden.

Wir sind beliebte Vögel. Das ist kein Wunder, wir sehen prächtig aus und haben durch unseren großen, bunten Schnabel und unsere schwarzen Knopfaugen einen lustigen Gesichtsausdruck. Vielleicht hast du mich schon einmal in einem Zeichentrickfilm gesehen?
In freier Wildbahn leben wir in den Regenwäldern hoch oben in den Kronen der Baumgiganten. Dort bewohnen wir Baumhöhlen und klettern auf unseren Zehen geschickt von Ast zu Ast. Obwohl wir ein wenig wie Papageien aussehen und solch einen Riesenschnabel haben, sind wir mit den heimischen Spechten verwandt. Wir können aber keine Löcher ins Holz hacken. Unser Schnabel, der übrigens, wie bei den Menschen der Fingerabdruck, bei jedem von uns anders gemustert ist, besteht aus ultraleichtem Material. Außen ist er nur eine stabile, aber dünne Hülle und innen ein Knochengerüst. Genauso sind auch Segelflugzeuge gebaut.
Klar, können wir damit Früchte oder auch kleine Insekten greifen und schnabulieren, aber unser Schnabel, der ein Drittel unserer Körperlänge ausmacht und bis zu 20 Zentimeter lang wird, ist eher ein Hightech-Instrument. Er kann nämlich unsere Körpertemperatur regeln. Zahllose Äderchen durchziehen ihn und transportieren Blut ganz nahe an die Oberfläche, wo die Wärme entweicht.
So sorgt unser Schnabel dafür, dass wir nicht überhitzen. Schließlich haben wir Vögel keine Schweißdrüsen.

UHU

MIR ENTGEHT KEIN GERÄUSCH

Wo ich lebe: Ich bin in Teilen Europas, Asiens und Nordafrikas heimisch.
So sehe ich aus: Ich trage hochstehende, gefiederte Ohren und ein dichtes braun-weiß-schwarz geflecktes Federkleid.
Und so groß bin ich: Ich bin ein Gigant unter den Eulenvögeln, zu denen ich gehöre, und habe eine Flügelspannweite von bis zu 170 Zentimetern.

Als Uhus jagen wir ausschließlich nachts. Unsere Augen sind exzellent, aber noch besser ist unser Gehör. Durch unseren Gesichtsschleier, das sind besonders angeordnete Federn rund um die Augen, werden Schallwellen zu den Ohren gelenkt. Unsere Kopffedern wirken wie ein Schalltrichter hin zu den ungleich angeordneten Ohren. So können wir frühzeitig erlauschen, wo sich Mäuse, Igel oder Hasen befinden, die wir gleich blitzschnell verputzen. Was wir nicht verdauen können, wie Stacheln und manche Knochen, scheiden wir als Gewölle wieder aus.
Damit uns unser eigener Flügelschlag nicht beim Orten der Beute stört, haben wir eine Flugtechnik entwickelt, die völlig geräuschlos funktioniert. Das ist durch drei verschiedene Federarten möglich, die entweder Geräusche schlucken wie ein Dämpfer oder die Luft so über unsere Flügel gleiten lassen, dass kein Laut zu hören ist. Außerdem haben wir doppelt so viele Halswirbel wie andere Wirbeltiere: 14 Stück! Durch die ist es uns möglich, unseren Kopf in nahezu jede Richtung zu drehen. Da entgeht mir uns Laut.
Weil wir gerne an unserem Fleck wohnen bleiben, kommen wir mit der Zivilisation nicht so gut zurecht. Plätze, wo so großer Spezialisten wie wir ihre Ruhe haben, sind selten. Deshalb stehen wir unter Naturschutz. Wenn unser „Buhuuuuu" durch den Wald schallt, kannst du dich freuen. Dann ist die Natur in Ordnung und wir können auf leisen Schwingen als Könige durch die Nacht gleiten.

VIELFRASS

MEIN NAME PASST ÜBERHAUPT NICHT ZU MIR

Wo ich lebe: Ich bin in den nördlichen Gebieten zuhause.
So sehe ich aus: Mit meinem braun und hellbraun gemusterten, dichten Fell sehe ich aus wie ein kleiner Bär.
Und so groß bin ich: Ich bin zwischen 20 und 30 Kilogramm schwer.

Eigentlich sind wir nur im Winter ein geschickter Jäger. Dann können wir auf unseren breiten Fußsohlen im Schnee, wie auf Schneeschuhen, herumlaufen und jedes Tier, das uns schmeckt, verfolgen. Das sind Schneehasen, Eichhörnchen und Mäuse, die wir auf unseren Streifzügen in unseren bis zu 2000 Quadratkilometer großen Gebieten aufspüren. Im Sommer aber sind unsere großen Latschen einfach unpraktisch. Außerdem stellen wir unsere Ernährung auf Beeren und Aas um. Viel ist das wirklich nicht, und so müssen wir, sobald Schnee liegt, wieder kräftig Frischfleisch futtern.
Das ist es nicht, was uns die Bezeichnung Vielfraß eingebracht hat, sondern eine falsche Übersetzung aus dem Schwedischen: „Fjellfrass" heißen wir da, was so viel bedeutet wie „Felsenkatze". Da ist eine alte Bezeichnung von uns, Bärenmarder, schon zutreffender, denn wir gehören zu den Mardern und sehen ein wenig bärig aus. Leider war dieser Falschname früher unser Verhängnis. Man meinte, wir wären fürchterliche Raubtiere und jagte uns über lange Zeit. Immer wieder passiert es, dass Menschen ihre eigenen Vorstellungen auf uns Tiere übertragen. Und wir müssen das dann ausbaden – oder besser gesagt: ausfressen. Den Menschen werde ich wirklich nicht gefährlich, ich bin ein Einzelgänger und scheu.

WASSERSPINNE

ICH LEBE UNTER WASSER IN MEINER EIGENEN WELT

Wo ich lebe: Als einzige der 46 000 Spinnenarten bin ich im Wasser daheim, von Europa bis Asien.
So sehe ich aus: Ich bin beige-gelb schillernd und habe wie alle Spinnen acht Beine.
Und so groß bin ich: Ich werde bis zu eineinhalb Zentimeter groß.

Wir haben eine Unterwasserwohnung, die man sich wie eine Taucherglocke vorstellen kann. Dafür spannen wir ein ganz feines und engmaschiges Netz zwischen den Wasserpflanzen und füllen es mit Luft. Es funktioniert wie eine Blase, denn Kiemen, um unter Wasser atmen zu können, haben wir keine. Durch eine raffinierte Bewegung mit unseren Beinen formen wir an der Wasseroberfläche eine Luftblase und krabbeln an Wegfäden wieder zu unserer Wohnung unter Wasser hinunter. Einmal am Tag müssen wir an die Oberfläche, um Sauerstoff zu tanken, denn natürlich verbrauchen wir Luft.
Rund um unseren Bau haben wir Warnfäden gesponnen. In dem Augenblick, in dem Gefahr droht, merken wir am Ziehen und Zappeln, dass da jemand ist. Wir nutzen das auch für Beutetiere. Kaum berühren Larven, Wasserflöhe, kleine Krebse oder Fische unseren Faden, stürzen wir aus dem Haus, lähmen unsere Opfer mit dem Gift unserer Giftklauen und schleppen sie in die Taucherglocke. Für unseren Nachwuchs bauen wir eine Extra-Brutglocke. Und im Winter fallen wir in unserer Wohnung in Winterstarre. Wegen unserer genialen Fäden und der ausgeklügelten Luftzufuhr können wir ziemlich unbehelligt von Fressfeinden leben.

WEINBERGSCHNECKE

MÄNNLICH ODER WEIBLICH? HAUPTSACHE, ICH BIN LINKS!

Wo ich lebe: Ich liebe kalkhaltige Böden in Nord- und Mitteleuropa.
So sehe ich aus: Mein Haus aus Kalk habe ich immer bei mir, und ich kann meine Fühler, auf denen meine Augen sitzen, weit ausfahren.
Und so groß bin ich: Ich kann bis zu zehn Zentimeter lang werden.

Gestatten, mein Name ist Jeremy, oh, ich könnte auch Geraldine heißen, denn wir Weinbergschnecken sind weiblich und männlich in einem. Wenn wir uns gegenseitig befruchten, bekommt jeder von uns Kinder. Das ist eigentlich sehr praktisch und einfach, aber leider nicht, wenn man wie ich ein linksdrehendes Gehäuse hat. Fast alle von uns exquisiten Weinbergschnecken haben nämlich ein rechts herum gedrehtes Gehäuse. Wir Linksdreher sind die Schneckenkönige! Nur eine unter 20 000 Schnecken ist so besonders, wir können uns auch nur mit einer anderen, auf links gedrehten Schnecke paaren. Die müssen wir nur erst mal finden. Allein wäre uns das wahrscheinlich nicht gelungen, wir Schnecken sind ja nicht gerade berühmt dafür, superschnell zu sein. Zum Glück wurde eine oder einer von uns von Forschern der Universität Nottingham entdeckt – und die haben nicht nur den Namen eines damals bekannten britischen Politikers vergeben, sondern freundlicherweise auch gleich einen passenden Partner gesucht. Er-Sie-Es kam aus Spanien und der gemeinsame Nachwuchs sah ganz prächtig aus, allerdings mit nach rechts gedrehten Häuschen.
Es liegt also nicht in unseren Genen, dass unsere Häuschen anders gebaut sind, sondern irgendein Ereignis verursacht dieses Anderssein, während wir in unseren Eiern reifen. Übrigens ist bei uns Schneckenkönigen das gesamte Innenleben, sämtliche Organe, spiegelverkehrt zu unseren Artgenossen.
Weil wir auch im Winter eine ziemliche Bandbreite an Liedern draufhaben, nennt man uns „Schneekönig". „Sich freuen wie ein Schneekönig" ist erst durch uns zu einem Sprichwort geworden.

WELLENSITTICH

ICH WILL SO BLEIBEN, WIE ICH BIN

Wo ich lebe: Ich komme auf dem gesamten australischen Kontinent vor.
So sehe ich aus: Eigentlich bin ich nur grün mit gelbem Köpfchen und schwarzer Wellenzeichnung im Gefieder.
Und so groß bin ich: Ich bin bis zu zwölf Zentimeter groß.

Wir Wellensittiche sind sehr gesellige Vögel und kommen in Australien, also dort, wo wir in freier Wildbahn leben, nur in großen Schwärmen vor. Im Jahr 1800 wurden auch Europäer auf uns aufmerksam, aber erst 40 Jahre später gelangten einige von uns lebendig dorthin. Wegen unserem schwarzen Wellenmuster im Gefieder wurden wir „gewellter Singpapagei" genannt, in der Kurzform „Wellensittiche".
Schon bald sollten wir in vielen Wohnzimmern zwitschern, und Tausende von uns wurden aus Australien weggebracht. Unser Bestand nahm in unserem Heimatland dramatisch ab, bis ein Ausfuhrverbot verhängt wurde, das bis heute gilt. Doch es gab bereits genügend Exil-Wellensittiche, die in zu kleinen Käfigen und allein gehalten wurden. Wir sind aber Gesellschaftstierchen und lieben unsere Artgenossen.
Außerdem müssen wir fliegen können. Ach, die Gefangenschaft hat uns allen nicht gutgetan! Viele von uns sind gestorben. Und schließlich wollten die Menschen uns putzige Vögel auch noch in anderen Farben züchten. Mit Blau ist es gelungen, aber rote Wellensittiche wird es wirklich nie geben. Wir sind keine Papageien, auch wenn wir aussehen wie Miniaturpapageien. Uns fehlt einfach ein Enzym zum Einlagern roter Farbstoffe. Und auch mit Karotin kann man uns nicht rot päppeln wie die Flamingos. Deshalb unsere Bitte an die Menschen: Lasst uns unsere Freiheit und experimentiert nicht mit uns herum – oder haltet uns artgerecht. Das gilt übrigens für alle unserer tierischen Artgenossen.

ZAUNKÖNIG

ICH BIN EIN SINGENDER BAUMEISTER

Wo ich lebe: Ich lebe in Europa, Asien und Nordafrika.
So sehe ich aus: Mein Körper ist rundlich mit einem braun-weiß gescheckten Gefieder.
Und so groß bin ich: Ich bin der drittkleinste Singvogel Europas und werde nur rund elf Zentimeter groß.

Könige sind wir natürlich nicht. Diesen Zusatz im Namen habe wir einer Fabel zu verdanken, die der griechische Dichter Aesop vor über 2 600 Jahren aufgeschrieben hat. Damals soll es einen Wettstreit unter den Vögeln gegeben haben, wer am höchsten fliegen könne. Als der Adler es beweisen wollte, hat sich ein Zaunkönig unter seinem Gefieder versteckt. Wir Zaunkönige sind ja winzig, deshalb blieb er unbemerkt. Als der Adler an seinem höchsten Punkt angelangt war, nutzte ihn der kleine Zaunkönig wie eine Startrampe und flog einfach noch ein Stückchen höher. Er rief: „Der König bin ich!"
Die anderen Vögel fanden das gar nicht lustig und sperrten ihn in ein Mauseloch. Aus dem konnte der kleine Piepmatz fliehen, musste sich aber aus Sorge, entdeckt zu werden, in Hecken und Büschen verstecken. Da früher Zäune aus geflochtenen Ästen bestanden, waren ihm auch Zäune recht.
Vielleicht ist es auch besonders schlau, dass bei uns die Männchen immer mehrere, sehr stabile Bruthöhlen bauen. Nach getaner Arbeit lockt der Zaunkönig mit seinem Gesang die Weibchen an und zeigt ihnen alle Rohbauten. Die Dame des Herzens darf sich einen aussuchen und ihn weich auspolstern.
Weil wir auch im Winter eine ziemliche Bandbreite an Liedern draufhaben, nennt man uns „Schneekönig". „Sich freuen wie ein Schneekönig" ist erst durch uns zu einem Sprichwort geworden.

ZITRONEN-FALTER

MICH SIEHST DU AUCH IM WINTER!

Wo ich lebe: Ich flattere in Europa, Teilen Afrikas und Asiens.
So sehe ich aus: Meine vier Flügel sind hellgelb mit je einem kleinen orangenfarbenen Punkt darauf.
Und so groß bin ich: Ich bin nur zwei bis vier Zentimeter groß.

Wir Zitronenfalter sind echte Lichtblicke. Wenn im Frühjahr noch Schnee liegt, aber die Sonne scheint, kann man uns da und dort herumflattern sehen. Denn wir sind die einzige Schmetterlingsart, die ganzjährig als Schmetterling aktiv ist.
Allerdings brauchen wir im Eier-, Larven- und Verpuppungsstadium bestimmte Nist- und Fressplätze, und zwar die Blätter des Faulbaums oder des Kreuzdorns. Nur von diesen Pflanzen können wir uns ernähren. Nach unserer zweiwöchigen Puppenruhe schlüpfen wir im Juni oder Juli als Zitronenfalter.
Aber auch dann sind wir nur kurz aktiv. Im August machen wir schon wieder Sommerpause, und im September futtern wir uns an den Blüten des Blutweiderichs satt. Das ist die perfekte Vorbereitung auf den Winter, denn wir können Frost überstehen.
Dazu entfernen wir alles überschüssige Wasser aus unserem Körper und entwickeln noch dazu eine Art Frostschutzmittel. Das ist ein Cocktail aus verschiedenen Fetten, Eiweiß und Zucker. Wir können so geschützt eisige Temperaturen bis minus 20 Grad Celsius überstehen, weil unsere Körper nicht einfrieren. Wir sind die langlebigsten Schmetterlinge in unseren Breitengraden und leben bis zu einem Jahr lang.

Josef Schöchl
Der Rabe und der schlechte Leumund
Verblüffendes aus dem Reich der Tiere

160 Seiten, durchgehend
farbig bebildert
17 x 24 cm, Hardcover
ISBN 978-3-7025-1057-2
€ 28,–
Auch als eBook erhältlich:
eISBN 978-3-7025-8096-4

Den Tod so täuschend echt zu spielen, dass er das Leben rettet, über das Wasser zu laufen oder in der Tiefe des Wüstensands zu schwimmen, sich in einer Taucherglocke wohnlich einzurichten oder mit dem absoluten Schwarz zu imponieren, sich in andere Wesen zu verwandeln oder ohne Unterbrechung schwanger zu sein – Tiere haben erstaunliche und geniale Strategien entwickelt, um sich in ihrer Lebensumwelt zu behaupten. Sie führen ein Leben am Limit, was an Herzschlägen oder Atemzügen gerade noch möglich ist, oder sie setzen für das Überleben auf die größte denkbare Trägheit.
In dieser Sammlung finden sich 72 Tiere und ihre verblüffenden Fähigkeiten, unter anderem: Basilisk – Erdmännchen – Fregattvogel – Kolibri – Leuchtkäfer – Moschustier – Pottwal – Quastenflosser – Steinfisch – Sumpfwallaby – Tukan u. v. a.

„All diese staunenswerten, verblüffenden und faszinierenden Besonderheiten münden in Schöchls Apell, unseren Mitgeschöpfen mehr Rücksichtnahme und Achtsamkeit entgegenzubringen. Sein Wunsch möge von möglichst vielen gehört werden!"

(Buchkultur, 03/2022)

„Das Werk ist in der unverkennbaren Art des Autors ein wahrlich tierisches Vergnügen."

(vet journal, 07.08.2022)

„Es sind 72 teils skurrile Geschichten, die Josef Schöchl von A (Apothekerskink) bis Z (Zitronenfalter) in seinem Buch zu berichten weiß."

(Salzburger Nachrichten, 28.05.2022)

„Kaum zu glauben, was sich die Natur alles einfallen lässt - und als Frage in einer Quizsendung à la ‚Fakt oder Fake' gut aufgehoben wäre."

(Austria-Forum, 13.06.2022)

Sandra Klammer, Jill Goritschnig

Salzburg für Kinder
Entdecke die Stadt und ihre Geschichten

168 Seiten, reich illustriert
17 x 21,3 cm, französische Broschur
ISBN 978-3-7025-1109-8
€ 25,–

Salzburg für Kinder ist ein kurzweiliger Spaziergang zu den bedeutsamsten Schauplätzen der Stadt und wird auch Erwachsenen so manches Aha-Erlebnis bescheren. Denn in der Mozartstadt wird es nie langweilig! Mit Ausflugs- und Erkundungstipps für kleine und große Entdecker:innen!

Mit allen wichtigen Informationen, Zeitstrahl, zahlreichen Tipps zum Anschauen und Entdecken, kleinen Suchspielen und Rätseln.
Ideal zum Verschenken, Vorlesen und Selberlesen – für einheimische Salzburg-Fans und Besucher:innen der Stadt ab 6 Jahren.

Julia Rumplmayr, Jill Goritschnig

Linz für Kinder

Entdecke die Stadt und ihre Geschichten

168 Seiten, reich illustriert
17 x 21,3 cm, französische Broschur
ISBN 978-3-7025-1183-8
€ 25,–

Dieses liebevoll illustrierte Buch lädt Klein und Groß ein, die Stadt spielerisch zu entdecken – mit spannenden Fakten, lustigen Mitmach-Ideen, kniffligen Rätseln und besonderen Ausflugstipps für die ganze Familie.
„Linz für Kinder" begeistert alle ab 8 Jahren für die drittgrößte Stadt Österreichs und weckt die Neugier auf eigene Entdeckungstouren durch Geschichte, Gegenwart und sogar in die Zukunft.
Perfekt zum Vorlesen, Selbstentdecken und Verschenken!

Christine Paxmann, gebürtige Münchnerin, liebt Schreiben, Tiere und Schmökern. Als Herausgeberin der Kinderfachzeitschrift *Eselsohr* ist sie an der jungen Zielgruppe ganz nah dran.
Credit Foto: © Privat

Josef Schöchl, HR Prof. Dr., Tierarzt, jahrzehntelanger Landesveterinärdirektor von Salzburg, verschiedene Funktionen im Zoo Salzburg und im Haus der Natur Salzburg. Seit 2009 Abgeordneter zum Salzburger Landtag.
Credit Foto: © Manuel Horn

Hannah Richter, geboren 2003 in München, ist Illustratorin und Designerin. Im März 2025 hat sie ihr Bachelorstudium in Design an der Freien Universität Bozen abgeschlossen und widmet sich nun weiteren kreativen Projekten.
Credit Foto: © Privat